JN319293

ちくま新書

東北発の震災論

――周辺から広域システムを考える

山下祐介
Yamashita Yusuke

995

東北発の震災論——周辺から広域システムを考える【目次】

第3章 東北という場 099

第4章　原発避難　141

第5章 復興と支援　191

まえがき

東日本大震災・福島第一原発事故の発生から二年近くが過ぎた。多くの人々にとって、この震災はすでに過去の出来事になってしまったかもしれない。だが、この震災はまだ終わってはいない。事態はいまなお進行中であり、むしろこれからさらに新たなことが始まる予兆すらある。

東日本大震災は終わりではなく、何かの始まりである――あの三・一一からの数カ月、我々はそのようにとらえ、議論し、意味づけていたはずだ。「戦後」に対する「災後」、「第二の敗戦」、「文明災」――様々な謂《い》いが試されていた。

だが、ここから我々は何を問い、何に取り組んだらよいのか。問うべきものは何なのか。それがいまだに見えてこない。本書ではそれを、社会学の観点から考えていく。キーワードは三つ――広域システム、中心と周辺、主体性。これらは互いに関連しあってもいる。

避難所と仮設住宅、脱原発とエネルギー問題、巨大堤防と高台移転、そして放射能汚染とがれき処理――震災後は、こうしたものが中心的なテーマとなってきた。だがこれらは決して、この震災で問うべき本質ではない。これらをつなぐもの、全体を見通すための確たる視座が欠けている。本書ではそれを右の三つのキーワードから構築する。詳しくは順に示すとして、最初にごく簡単にこの三つの語のつながりを示しておこう。

日本社会はいまや、広域にわたって形成された一つの巨大システムをなしている。今回の震災では、この「広域システム」の存続を脅かす事態が生じた。

広域システムには「中心と周辺」がある。震災は、東北という日本の周辺に生じ、そして被災地という新しい周辺が東北のうちに広く現れて、多くの人々が周辺の中の周辺へと押し込められていった。

周辺の中の周辺が今後とも存続しつづけるためには、どんなに周辺化してもなお、その「主体性」を確保する必要がある。しかしこの震災では、主体性の危機は被災地＝周辺だけの問題ではなかった。周辺どころか、中心にすら主体が見えない状態が生まれていた。東日本大震災・福島第一原発事故に際して、どこにも危機管理の中枢はなかった。確かに何かは動いてきた。が、では何が動かしているのかといえば、それが見えない。

あらゆるものが周辺化する広域システムの中で、当のシステムだけがその存続を果たしていく。そしてその存続も、何かが主体的に目指されているのではなく、ただ結果としてそうなっているだけであって、ここでは人間は客体として存在するのみだ。もっともこうした人間そのものの周辺化は、震災から始まったものではなく、それ以前から起きていたものでありそうだ。

本書では、こうしたかたちで三つのキーワードを用いて議論を進めながら、最終的に次のように事態を問題化するつもりである。すなわち、広域システムの中で人が客体化し、周辺化するとはどういうことか。人は人である以上、本質的に主体であり、中心であるべきだ。では、その「人」が周辺化することで、いったい何が起きるだろうか。

ここでいう「人の周辺化」は、近年のヨーロッパ思想界で「人のモノ化」として主題化されつつあることに関係するもののようだ。この震災は、日本社会の中でも同様の事態が着実に進展しつつあることを示している。いや、その行き着く先は、西欧のもの以上に陰惨なものになりそうだ。

この震災の中で人は、しばしば次の二つのかたちでとらえられてきた。

一つは、「どっこい生きている」けなげな人である。メディアはしばしばそうして人々を追いかけてきた。むろん、カタストロフィの中で人が人を理解していく最初の手がかりとして、そうしたまなざしが全く不要だとはいわない。しかし多くのメディアの情報にはしばしばフィクションが含まれ、むしろ現実が虚構化し、一人一人の生きざまが単なる物語へと転換されている様子がうかがえる。

もう一つは、死者行方不明者何人、避難者何人という、統計上の数値としての人である。これももちろん不要だとはいわない。しかし例えば、我々は原発事故後に次のようなことをしばしば耳にした――「年間一〇〇ミリシーベルトで、ガンの発生確率は一〇〇〇分の五しか上がらない。これは喫煙による発ガン率よりずっと低いものであり、社会的に許容できるものだ」。このように確率上のものとしてリスクを語る時、我々はもはや人格をもった人ではない、別の「ヒト」として扱われている。むろん人は勘定できる。数値上のヒトは決してフィクションではない。しかし、私やあなたといった、日常の中で向き合っている人とは違う何かであることは確かだ。

フィクションとしてのヒトや統計上のヒト。こうした、人格をもたない、生身ではないヒト像が、我々の日本社会の人像《ひと》にいつの間にか置きかわっている。震災後ずっとつづいている、いいようのない不安感・閉塞感は、我々がこの人のモノ化＝周辺化という事態に向き合わず、主題化せずにすませていることにあると筆者は考える。

本書は、東日本大震災という事態に正面から主体的に向き合うための視座を示そうという試みである。むろん筆者とて、この震災を完全に分かったなどというつもりはない。しかし、分かろうとして向き合わなければ、この震災がもたらした問題の本質を探る手がかりはいつまでもこぼれ落ちていくだけだ。またここでの議論は社会学的分析を重ねれば誰でもたどりつける内容でもある。本書を通して東日本大震災とは何なのか、読者にもいま一度深く問いなおしていただければと願っている。

というのも、この震災を問うことは、必ずしもこの震災・原発事故を引き起こした原因や原因者を突きとめることではないからだ。本書は誰かを糾弾するものではない。筆者を含めた我々自身の存在を問いなおすものだ。また本書は過去を追及するものではない。ここでの問いは未来に向いている。そしてそれがマスメディアの大量消費テキストの一つとしてではなく、私という人間の、あなたという人間への問いかけにつながるのなら、それが本書の成功ということになる。

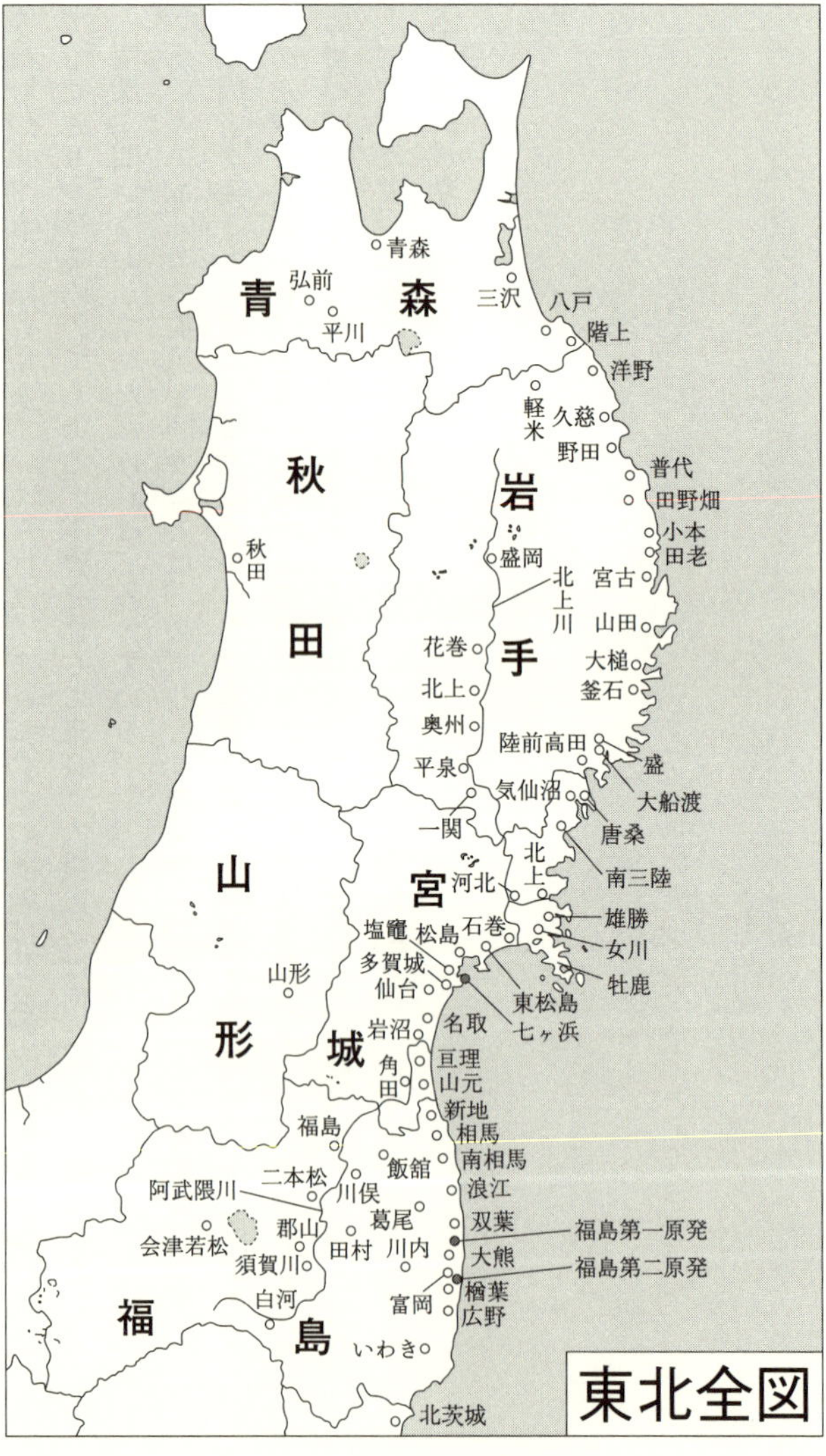
東北全図
青森
青森
弘前
平川
三沢
八戸
階上
洋野
秋田
秋田
岩手
軽米
久慈
野田
普代
田野畑
小本
田老
盛岡
北上川
宮古
山田
花巻
大槌
北上
釜石
奥州
陸前高田
盛
平泉
気仙沼
大船渡
一関
唐桑
宮城
北上
南三陸
河北
山形
雄勝
塩竈
松島
石巻
女川
多賀城
牡鹿
山形
仙台
東松島
七ヶ浜
名取
岩沼
亘理
角田
山元
新地
福島
相馬
飯舘
南相馬
二本松
阿武隈川
川俣
浪江
葛尾
双葉
郡山
福島第一原発
会津若松
田村
川内
大熊
須賀川
福島第二原発
楢葉
白河
富岡
広野
福島
いわき
北茨城

第１章

広域システム災害

1　震災の衝撃と現実

†未曾有の災害を前にして――ここから何が変わるのか

東日本大震災は、日本社会の根幹を揺るがすほどの大きな衝撃を我々に与えた。二万人に近い死者・行方不明者は、いわゆる先進国が世界大戦後にこうむった被害としては最大級のものとなった。何より、これまで安全だとされてきた原子力発電所のあっけない破綻があり、多くの避難者が元いた場所に戻れずに全国に散在している。

未曾有の災害に対し、いままでの枠組みを超えた対応が求められている――震災直後、そのように多くの人々がメディアを通じてそう発言していた。しかし二年近くがたった現在、一九九五年阪神淡路大震災の時と比べても、復興に向けた動きは極端に遅い。九五年一月一七日に発生した阪神淡路大震災では、仮設住宅ができ始め、緊急避難期から復旧期へと大きく舵が切られたのが、地震発生から二カ月半後、三月末のことだった。今回の震災では、発災から約半年、二〇一一年八月頃になってようやくこの時期に追いついた。およそ倍の時間がかかっている。

問題は動きが遅いだけでない。被災地以外の場所では、この間にいつしか平常へと押し戻されてしまったかのようだ。この震災は、九五年の阪神淡路大震災を超えて、「戦後」に匹敵する大きな認識の転換点となるとさえいわれた。しかし、この社会はその後、何も変わってはいない。むしろ既存の枠組みへの揺り戻しの力の方が強く、震災当初の菅直人政権から、二〇一一年九月に野田佳彦政権へ移行して以降は、さらに元の方向へと強く引っ張られていったようだ。

我々はなぜ変われないのか。もし変われるとすれば、それはどこからなのか。筆者は二〇一一年四月まで、東北の端、青森県弘前市におり、その後、東京の大学に移ってきた。この一年半、被災地を歩き、また様々な方と話をしながら、この震災について考えつづけている。その経験の中から紡ぎ出したいくつかの論理を本書では提示したい。

まずは、あの三月一一日、筆者自身が地震を迎えた弘前で何をどう感じたのかを記すことから始めてみたい。というのも、この時すでに、いま生じていることの予兆のようなものが現れていたように思われるからである。

†震災当初の感覚――全体が見えない

二〇一一年三月一一日、地震が起きた時、筆者は弘前で、調査のために外に出ていた。揺れは大きかったし、長かったが、青森では何か大きなものが倒れるような揺れではなかった。それなのに電気が完全に止まった。何かもっと大きなもの、日本社会全体につながるものが崩れた感じの止まり方だった。遠いところで起きた出来事が身近なもののすべてを決定していく。そんな気持ちの悪い感触がこの停電にはあった。

停電で信号が消灯していたこと以外は普段と変わりない奇妙な状態の中、車で自宅に戻ったが、停電のためテレビはつかない。バッテリーで動くワンセグのテレビで三時間ほど見られた映像の中で、三つほどの光景が映り、錯綜した情報が手元に残って電源が切れた。

一つは、青森県八戸港の様子である。大きな津波が一台の車の上に覆い被さり、ライトがついたまま、その車は微動だにせず、埠頭に残っていた。青森県民にとっては、なじみの場所であり、強い衝撃が走った。

この八戸の様子よりも前だったろう。もう一つが、仙台平野に襲いかかる大津波の実況中継である。ヘリからの空撮によるライブ映像。海岸線に沿ってそそり立つ津波の長い長い壁が町へと迫っていく。次々と家々が波で覆われていく中、ここだけで相当数の人が亡くなったと思った。

そしてもう一つが、北茨城の海岸の津波被害の様子だったと思う。この最後の情報は、その後のラジオによるものだったかもしれない。

メディアの混乱は明らかだった。メディアはこの事態の全体像をとらえ、伝えようとはしていなかった。死者数も当初は十数人として報道されていた。だが、当然ながら、死者がそんな少数にとどまるとは思われなかった。

ただ東北で地震と津波があり、北関東の沖でも何かあったようだと、報道は確認できたことを示しただけだった。あたかも別々の小さな出来事があったかのような伝え方。だが、被害は想像できたはずだし、それをしっかり伝えるべきだったのだ。

いくつかの場所で津波が到達しているのなら、その間でも同様に津波が到達しているはずだ。これは阪神淡路大震災時の大きな教訓の一つでもあった。神戸の被災地については当初、西と東の情報しか入らず、被害の中心地帯で何が起こっているのかは、ヘリコプターからの映像を除いて、ほとんど何ももたらされなかった。しかし情報のない場所、それこそが最大の被災現場だったのだ。そして実際、今回は阪神淡路大震災よりはるかに大きなことが生じていた。三陸海岸での大津波による被災と、東京電力福島第一原発の事故である。

だが、これらが明るみに出た後の報道でも、福島第一原発事故については事故の軽微さや、放射能に対する安全性を強調する識者の見解が広く採用され、津波被災地についても、一方的で、かつセンセーショナルな場面の一部を切り取ってくるだけのものがつづいていた。

情報はつねに断片的にしか提示されない。何が起きたのか、全体をつかまえてそれを提示する、そうした情報は二年近くたったいまでも乏しいように思う。それどころかここにきてメディアは、何事もなかったかのように、被災地はあたかも遠い国の出来事であるかのようにもふるまい始めている。

もちろん、急変する事態に対して、ことを軽く、安く見積もる心性は「落ち着き」でもあり、ある意味ではパニックを防ぎ、秩序を維持する健全な反応である。しかし、この災害を未曾有と呼んでいる割には、我々は事態を軽く見積もりすぎであり、全体を見ないですまそうとしているかのようだ。三陸沿岸、仙台平野、福島県浜通りの村や町では、日常がひっくり返ってしまった。原発事故一つをとっても、絶対にあってはならない事態が生じている。にもかかわらず、メディアも、科学者・研究者も、総じてどこか落ち着いてこの震災を眺めてきた。だが、騒がない美徳は科学者・研究者には必要ないし、それはジャーナリズムや政治の世界でも同じことだ。後になって問題が拡大化・顕在化してから研究を始めたり、取材を始めたりというのでは、何のための科学、何のためのジャーナリズムなのかということにもなる。

†広域システム、中心と周辺

いまだにつづく全体の見えなさ、将来の見通しの悪さ——筆者はその原因を「広域システム」および、「中心と周辺」という語でとらえてみたいと考えている。

この震災は、日本社会という広域システムに生じた。我々はすべて広域システムの中におり、すべてはつながっている。だがこの中では、全体が見えず、見えているものは断片的だ。なぜそうなるのか。ここではその理由をさらに、「中心と周辺」というキーワードを用いて解読してみたい。広域システムの〈中心—周辺〉問題は、この震災以前から、地方地域社会の暮らしの中に観察されつづけてきたものでもあった。

以下では、まず「中心と周辺」についてもう少し論を深め、さらに「広域システム」についいて検討を行い、この災害の特徴をつかんでおきたい。その上で「主体性」の問題にふれながら、つづく各章への布石を打っておこう。

2　震災に見る中心と周辺

†中心発の震災論、東北発の震災論

二〇一一年四月、一七年過ごした弘前市を離れ、首都圏に居住地をかえた筆者がまず感じたのは、三月一一日以降、東北の暮らしの中で行き交っていた情報と、首都圏での情報の質の差だった。災害に関わる情報の大半は、原子力発電所事故や計画停電に関わるものばかり。今後に向けた議論の多くも日本経済の懸念に集中して、まるで経済さえ立て直しができれば、被災地の再生が実現するかのようだった。被災者も、涙を誘う美談や秘話の主役として現れるばかりで、これから人々が具体的にどう動き、また東北が、日本が、この人々とどう向き合うべきなのかという情報は薄かった。東京では帰宅困難もあったし、地震も相当揺れたわけだが、すでに五月には、震災を過去の出来事のような印象で語る人さえ現れていた。

東北で感じていた被災地の状況と、東京で手に入る情報とのズレ。中でも広大に広がる

多様な被災地帯を「被災地」という言葉でひとくくりにしていることが、この震災のイメージを平板なものにしていた。被災地帯が抱えている課題は、場所によって、人によって違う。後述のように、三月から四月にかけて、筆者は現場で様々な地獄を目の当たりにした。津波で一切をさらわれた地獄もあれば、目に見えない放射能から逃げ惑う地獄があり、好奇の目にさらされる地獄もあれば、孤立無援で取り残される地獄もあった。これらの異なる諸課題に対し、それとはまるで無関係なように被災地支援のメニュー／プログラムが、「あれはよくない」「これは必要」と、一律に情報発信されていた。

ここではこれらをひっくるめて、「中心発の震災論」ととらえたい。誤解を恐れずにいえばこういうことだ。中心から見れば周辺の小さな差異は目立たない。例えば、そこが漁村なのか、農村なのか、町なのか、都市なのか。そんな当たり前の条件さえも目に入らない。しかし、被災地帯に暮らす具体的な一人一人にとっては、私の村、私の町がそれぞれこれからどうなるのかこそがもっとも重要な問題だ。一つ一つの村、町、都市の再建が、一つ一つ具体的に問われているのである。中心の目から見れば、それらは周辺の小さなことかもしれない。しかし、こうしたものに応えうるような、「周辺からの震災論」「東北発の震災論」こそ、追求されなければならないものであるはずだ。

東北の地域社会を地域社会学の観点から観察しつづけてきた筆者にとって、今回の震災で問われているものは、まず第一にやはり「東北から始まる再生はいかに可能か」であり、さらには「東北はどう生まれ変われるのか」である。しかしながらいま行われている議論は、この期に及んでなおも、どうお金をかけ、どの事業をあてはめるのかでしかないようだ。この震災ならではの復興論が、依然として見えてこない。いったい何がそれを阻んでいるのだろうか。

もちろん問題は単純ではない。東北の中にも中心と周辺があり、被災地帯とそうでない地帯の温度差があるからだ。岩手県や福島県では、沿岸部の被災地帯と内陸部の都市地帯との間に、震災前からはっきりと〈中心―周辺〉の関係が現れていた。宮城県も仙台市の一極集中が顕著だ。〈中心―周辺〉は、中央＝首都圏との間だけでなく、地方＝東北の内部にも見られる根深い現実である。

だが、より重要なことは、中央―地方や都市―農村とは別の文脈にも〈中心―周辺〉の関係が見え隠れしていることにある。震災直後の当時の状況を思い浮かべながら、この震災で現れた、さらにいくつもの〈中心―周辺〉問題についてまずは記述しておこう。

†「誰かが何とかしてくれる」

一九九五年（平成七）阪神淡路大震災の時と同様に、今回の震災でも、日本人はパニックや暴動を起こさず落ち着いていた――海外のメディアからはそう賞賛の声があがったという。むろん、そのように理解することは可能かもしれない。

しかしもっと、別の見方もできるのではないか。つまり、これほどの大きな事態に対して、それでもなお、日本人には主体的な動きが現れなかった。ある種の人任せの風潮がこの震災では広く見られたように思えるのである。

国が何とかしてくれる。経済大国だから大丈夫。専門家が何とかしてくれる。国、経済、科学や専門家に対するこの信頼感が、日本社会・被災地帯の今回の落ち着きにつながったことは確かだ。

むろん、何もかもが疑わしい状況に比べれば、社会が信頼できるのはよいことである。だがやはりこのことは、筆者には、このような事態において当然もっておくべき危機感のなさを表しているようにも思えた。あえて強い言い方をするなら、被災地にも、またそれ以外のところでも、「誰かが何とかしてくれる」という強い依存感覚が働いていたように思えてならないのである。

もちろん、本当に「誰かが何とかしてくれる」のならばよい。ある意味ではそれが一番幸せなのかもしれない。しかし、国の財政が抱える問題状況は周知の事実であり、また日本経済の不振もつづいていて、それはこの震災によってますます不安定なものとなっている。科学は今回の大津波を予測できなかった。想定外の波が防災施設をいとも簡単に破った。何より、福島の原発事故は科学の失墜を顕わにした。研究者も、専門家も、良心的な人間はこの震災で大きく自信を失っている。にもかかわらず、あいかわらず我々は、科学にすがり、専門家に頼ろうとしているかのようだ。

我々は、この震災を前に、それぞれが自分で考え、判断していくことを迫られている。本当に国は、大国経済は、科学や専門家は、この被災地帯の復興を実現してくれるのだろうか。そして実際に、各地で見られる復興の遅れは、大きなものに頼ることへのジレンマを現実のうちに示すものだ。

国家至上主義、経済至上主義の限界の露呈。そして科学至上主義の崩壊。これらをひっくるめて、日本社会の中にくまなく展開されている〈中心─周辺〉システムのもつ矛盾の現れこそが、今回の震災で見えてきた我々の大きな課題である。国家・経済大国・科学という中心的価値に対し、地方主権・暮らし・生活の知恵といった周辺的なものの復権こそが、いま本当に求められるべきもののはずだ。

†〈中心─周辺〉の非対称性

こうして東日本大震災をめぐる一連の問題群は、日本社会に生きる我々の日々の暮らしに展開する、中心と周辺の関係のうちに位置づけ、理解することができるものだ。すなわち、地方における産業と雇用の問題、行財政問題、教育を通じた科学に対する絶対的信頼感、中央メディア情報の隅々までの過剰な浸透――東日本大震災は、こうしたものが複合的に絡まりあった巨大な問題群として立ち現れている。そしてそれは単に、周辺による中心への従属を示しているだけでなく、強い依存関係にもなっていた。問題の核心はどうも、その依存は絶対的に保障されるものではなさそうだということにある。周辺は、場合によっては、中心から切り捨てられ、侵略され、強奪もされる。

この〈中心―周辺〉の非対称な関係の中で、当事者たる周辺の主体性が発動されず、中心への期待・依存が被災地の着実な復興を妨げている。これがいま我々が直面している現実だ。

では、問題をそう設定したとして、この問いをどのように解いていけばよいのだろうか。まずは、こうした自己決定が非常に難しい状況に、東北社会がしっかりと追い込まれていた経緯や事実を十分に理解する必要がありそうだ。依存の思想はむろん偏った思考法だが、それがなぜ生じるのかを考えてみると、我々の暮らしの生態が、すでにそのように組み上がっているからであることに気づく。

そしてさらに、この暮らしの生態に気づくなら、中心は周辺を単純に切り捨てることができる、ということではなさそうにも思えてくる。むしろ考えれば考えるほど、中心は周辺を切り捨てられないのであり、だからこそ、復興が進まないことへの苛立ちも強くなっているようだ。

中心と周辺は一つの現象の裏表である。以下にこのことを、「広域システム」という語に集約して説明してみたい。

3　広域システム災害としての東日本大震災

†広域システムとその崩壊がもたらすもの

「広域システム」という語によって、ここで示したいのは次のようなことである。

現代日本社会における人間生活は、いまや広域にわたる巨大システムによって成り立っている。我々の暮らしは、電気・ガス・水道などのインフラ、高速交通網や、電話、インターネットなどの通信網の中にある。いまや毎日水をくんだり、薪を拾ったり、すべてを徒歩で移動したりする人はいない。また我々は全世界につながる商品流通網の中にいて、巨大で広域な市場経済の恩恵なしに一日も暮らすことはできない。半世紀前には考えられないような規模のシステムが確立されており、その中で、非常に効率的合理的に財を集め、それを消費して我々は毎日の生活を営むようになった。むろん消費だけではない。生産の中にこそそれは大きく現れており、今回問題になったサプライチェーンの破綻などはこの震災の象徴的な出来事だった。ある箇所の生産は全世界で展開されている生産工程に結びついており、一ヵ所で生じた破壊が全世界の生産活動に直接影響を及ぼすことになる。

こうしてもはや、日本に住んでいて、自分が消費するものを、それがどんなものであれ、自分自身で用意し生産している人はほとんどおらず、農業ですら石油なしには成り立たなくなっている。石油は地球の裏側から毎日運ばれ、流通システムに乗って手元に届けられる。これほどの大きな移動を積み重ねることで、一人一人の努力や作業が限定的で小さなものであっても、何不自由なく暮らせるような仕組みがつくられているわけだ。

この便利な仕組みがあの日、壊れた。

ここでは、東日本大震災を「広域システム災害」として特徴づけてみようと思う。広域にわたって生活システムが崩壊した、というのが第一の意だ。東北の太平洋岸で、五〇〇キロ以上におよぶ広範囲の中で地域社会が満遍なく壊された。

しかしさらに加えて、「広域システム」というものが日本社会全体を覆っており、この広域システムが巨大な地震と津波によって崩壊した、という意味ももたせたい。我々の生活は、いまや広域に広がる複雑なシステムによって成り立っている。そのシステムが、あの日、大きく壊れた。

冒頭のように、筆者はちょうどその時、日本の本州の端にいて、首都圏とのつながり、この広域システムとのつながりがぶっつりと切れた瞬間を体感した。壊れたのは被災地だけではなかったのである。

何の被害もないのに電気は止まる、ガソリンは来なくなる、店には商品がなくなる。震災は三月だったからまだ冬である。食糧や燃料はどうなるのか。これは一つの恐怖だった。要するに、東北本線沿いの主要道がすとんと切れれば、北のはてには物資は行き渡らず、枯渇が生じるのだ。その後も、中央からくるものは被災地への復旧に優先的に使われたから、北東北への物資の行き渡り方は非常に遅かった。

我々は、このシステムによってある程度の豊かさを享受できる。いや、ある程度どころか過剰なほどの豊かさであり、そしてさらにこうした大災害の事実を前にして奇妙に聞こえるかもしれないが、我々の社会はきわめて安全な社会でもあった。今後の検証が必要だが（第2章も参照）、おそらく津波被害は、ある一定の準備が行われていたところでは、かなりの程度軽減できたと見てよいのではないか。死者・行方不明者二万人弱という数字をどう見るかは難しいが、明治三陸大津波(死者約二万二千人)の際の人口と比べれば——そしてまた今回の津波の破壊力の大きさ、広さを明治の時と比較してみても——同程度以下の死者数ですんだということは、防災機構は死者を相当程度少なく押さえ込むことに成功したといってよいように思う。また多くの箇所では、一年前のチリ地震の際の避難が今回の予行演習になっており、また明治・昭和の津波のこともみな知っていて、基本的に防災訓練は避難を有効にうながしていたと筆者は見ている。多くの人々が亡くなった場所については、被災地ごとの特殊事情や、防災工学や避難訓練などでは防ぐことのできない要因(とくに都市化)が深く関わっているようであり、今後の入念な検証が待たれよう。

ともかく、このシステムは、しっかりと運用さえすれば、人の命を守るシステムである。実際、平均寿命も驚くほど伸びてきた。

が、このシステムではまた、いざ壊れると、その複雑さ・巨大さから、被災生活への影響・負担がこれまでになく大きなものとなる。

システム崩壊後、生き延びた人々には、せっかく生き延びたにもかかわらず、生き地獄が待っている。このシステムはなかなか立ち直らない。システムがあまりにも大きく、広く、また複雑すぎるので、修復するのに大きな資金と長い時間が必要となるからだ。震災から一年半が過ぎ、なかなか復興は進まないが、その理由はこうして理解できる。

だが、このシステムの立て直しが難しいことについては、これをインフラなどの側面だけでとらえるだけでは不十分だ。広域システムはどうもインフラや経済だけでなく、人間の集団の面にも、別の言い方をすれば社会システムにも現れている。

†社会システムの広域化とその陥穽

広域システムに関わる議論は、家族や仕事の面から見ても興味深い論点を提供する。このことも、今回の震災の大きな特徴である。

それはまず例えば、原発事故からの避難者の行方を追ってみればよく分かる。福島からの避難者は、県の発表だけで約一六万人(二〇一二年一一月現在、福島県発表)。その行き先は福島県内に限らず、北海道から沖縄まで、全国各地に満遍なく離散した。それはどうも、一つには家族や親族の絆を頼ってのことであり、また、働く場が全国どこでも可能であったことも指す。急にこんな絆や移動が可能になるわけはない。すでにもともと福島の人々は全国各地と姻戚関係があり、仕事上の関係があり、社会的ネットワークは全国に密接につながっていたのである。

多くの人がこうした広域に広がる自らの社会的資源を頼りにこの半年はやってきたので、避難所や仮設住宅も何とか間に合い、流浪の民の集団はいまのところは出さずにすんでいる。今後も、目に見えるようなかたちでの放浪はごく一部にとどまるだろう。これも、人々を守る広域な社会システムという観点からとらえられよう。家族や親族、知人や職域がごく身近な範囲に限られていれば、これほどの大規模災害の中で頼るべき社会的資源もみな崩壊していたに違いない。しかし社会関係が広域化していることで、人々は緊急的な避難先をそれぞれに確保することが可能になっていたわけだ。

しかしまた、この社会システムの広域化は、システムが壊れた時に、以前では考えられないような破壊につながることもまた同じなのである。現在、復興が遅れている原因の一つは、きわめて社会的なものだ。

我々の生活は様々な公共サービスによって成り立っているが、これを成り立たせているのは巨大な行政官僚機構だ。さらに様々な物流のシステムも、ただモノやエネルギーが行き交っているのではなく、それを可能にする企業や市場などの経済社会機構が存在するからこそ成り立っているわけだ。地域の暮らしから見て、もはや絶対不可欠な仕組みである、この行政システム・経済システムがあの日、強く広範な打撃を受けた。我々はしばしば巨大津波の物理的衝撃にだけ目を奪われがちだが、物理的にだけでなく、社会的・人的にも村や町、人や組織が破壊されたことに注意しよう。自治体、地域経済、人々の関係がズタズタになってしまっている。地域再生を図るには、これを回復する必要があるが、広域システムのこれほど広域にわたる破壊を我々は経験したことはないから、その再生はこれまでにない取り組みの連続になろう。

言い換えればこのことは、この震災を機に、地方自治体の解体、家・村・町の崩壊、ふるさとの喪失が起きるかもしれないということでもある。大都市暮らしが長い人や、それしか知らない人には、こうした社会の解体は大きな問題とは感じないかもしれない。しかし、もともとの東北の暮らしからすれば、この事態はきわめて深刻なものである。考えてみればよい。そもそも、復興計画を策定するにも、肝心の当人たちが近くにおらず、互いに顔を合わせて協議することができなくなっている。これでは村や町の再生はなかなか進まないはずだ。

ところで、ここまでは津波被災地を中心に議論をしたが、福島第一原子力発電所の事故もまた、こうした広域システム災害の一部としてとらえることのできるものである。むしろその典型ともいうべきであり、原発問題は、津波被災地以上に、この震災で起きていることを我々によりよく示すものだ。

この震災の特徴を先鋭化させるために、原発事故に見える広域システム構造＝〈中心―周辺〉問題の内実についても、ここで見抜いておきたい。

†典型としての福島第一原子力発電所事故

まず福島第一原子力発電所は、東京電力の経営であり、ここでつくる電力は首都圏へと供給されるものであった。数百キロを越えて送電する理由はむろん、事故のリスクやコストに関する計算が働いていたからである。一方にリスクを負担する場所があり、他方に電力を得るところがある。そして電力を安価に得たところからは、そのことで獲得された利益が、最初のリスク負担地に還流する。リスク・コストの交差する広域システムがここには明瞭に観察される。

中心と周辺はこうして一見、持ちつ持たれつである。だがそれは、このリスクがあくまでリスクであって、現実化しない前提においてであった。リスクがハザードに置き換わった時、この広域システムの本質が牙をむく。中心と周辺の関係は、決して対等の関係ではないからである。

原発事故のもたらした影響はあまりにも大きかった。第一原発から、二〇キロ圏内の警戒区域、大量の放射性物質による汚染が認められた計画的避難区域、そして二〇キロから三〇キロ圏内の緊急時避難準備区域（これらの区域に関してはすでに大幅に再編・解除済み。二〇一二年一一月現在）では、避難を通じて、家も、村も、町も、都市も、人間関係も、集団も、企業も、仲間も、みなバラバラになった。これらはすなわち「暮らし」や「生きる」ことそのものの破壊でもあった。そして人々は、今後の動向いかんでは、数千年つづいてきた文化・社会・歴史の喪失、それぞれのふるさとや家の喪失まで生じる危険を背負わされている。もしそうなったとすれば、それはいま生きている人のみならず、これまで生きてきた人とのつながりさえ、失うことにもなりかねないものである。机上のリスクは、実際に体験してみると、あまりにも大きな賭けとなった。

ところでここで重要なことは、この原発事故という問題は、それぞれの個人では、逃げる以外に、解決する方法が全くない点にある。それどころか、放射能汚染による影響がどこにどのようなかたちで現れるのかさえ、特殊な装置や専門家を通してでなければ、我々はこれを知ることすらできない。つまり、事故現場となった福島県は、あるいは被災自治体は、あるいは被災者たちは、自分たち自身でこの問題を解決できない。問題解決のためには、国や専門家に頼る以外に方法がないという状況に追い込まれている。〈中心―周辺〉関係は、こうして、この原発事故においてもっとも強く表れているといえる。

†原発事故に似たものたち

ところで、こうした地方の中央による巨大システム形成への取り込みは、原発立地自治体のみならず、この数十年の日本の中では実に様々な局面で見られたものであった。リスクとコストの広域化は、この日本社会において普遍的な現象である。

筆者が気づいたものだけでもあげてみよう。貿易自由化による国内農林業や伝統産業、近代初期工業の解体。大店法改正に伴い地方都市で生じていた郊外の乱開発と中心市街地の解体。そしてこうした商工農の解体による地方経済の周辺化。これらは、地方の産業経済をグローバル経済に組み込むことによって生じたものだが、グローバル経済化の恩恵は地方ではきわめて小さい割に、そのリスクが非常に大きいことは明白だ。むしろその利益は中央でこそ大きいといわねばならない。そしてこうして引き起こされた地方の危機に際し、地域再生の新手法として取り入れられた観光開発、とくにゴルフ場・スキー場・温泉宿泊施設の乱立に終わったリゾート開発が、結局は中央の利益分配に終わり、その失敗のツケが地方にすべて押しつけられたのもそう遠くない過去のことであった。こうした中心と周辺の歪んだ関係は、医療制度改革、公共交通問題、教育改革などにも散見される普遍的な構造となっている。

そして、いわゆる平成の市町村合併もまたその延長上にあった。スケールメリットを大きくし、地域の生活をよりよいものにするという名目で行われた合併が、結局、より大きな都市の効率的運営しか結実せずに、吸収合併された地域においてとくに暮らしの様相を劇的に悪化させてきた。

　結局この間の一連の展開は、つねに「国が示したものだから間違いはない」という見解が先行し、そして失敗の後には「だまされた」ことに気づきつつも、そのことを口に出してはいえずに、同じような構造をさらに再生産しつづけてきたことによるものだ。周辺にある小さな社会を大きなシステムへと取り込んで、中央に従属させていくこと。しかもその過程で生じるリスクや失敗を、中央から一時的に巨額な利益をつかませることによって強引に引き取らせ、結果として小さな社会へと負担を押しつけていくこと。このことは原発に限らない、広域システム社会の本質的な特徴といえる。

　そして実のところこれまでは、こうした地方の現実の中で原発立地の自治体だけが唯一、十分な財政を確保し、少子高齢化問題を克服してきたかに見えていたのであった。若い人々の働く場があり、親・子・孫、ひいてはひ孫まで、三世代・四世代の幸せな家族の暮らしが実現されてきた。しかし結局、こうしたものの中でもっともそのリスクが大きく、もっとも〈中心―周辺〉構造を典型的に表していたのは、原発だったということになる。

　こうして、この震災で現れている問題は、地震や津波の破壊力のすさまじさにとどまらず、もともと我々がもっていた社会状況の矛盾を如実に表したものでもある。それをここでは広域システム災害として特徴づけてみた。そしてこうしたこの震災の特徴のうちに、被災地発の復興論がなかなか浮かび上がってこない理由も見えてくる。

津波災害も原発事故も、現代社会の構造からして、小さな社会で向き合える問題ではない。我々の生きるシステムはこれがいったん壊れると、その社会を個々人で復旧することができないものとなっている。かつてはすべて、暮らしは自前であり、壊れても手元で直すことができるものであった。しかし現在は、すべてが大きなシステムに組み込まれており、その分、普段の日常生活において人々の負担は圧倒的に縮減されているが、システムがいったん破綻すると、その復旧には専門技術や巨額な資金が必要となる。個人や家族、小コミュニティでは手も足も出ないのであり、我々は、誰かがきてそのシステムを復旧してくれるのをただ待つしかない。

こう考えてくるなら、今回のこの震災・事故で、もっとも恐ろしく感じることは次の点になろう。この事態に対して、国や経済界、科学者たちがきちんと向き合えているならよい。これまで我が国は多くの災害を経験してきたが、少なくとも戦後に関しては——すべて被災者のためだったとはいいがたいにしても——被災地の復旧に国は多大な支援を行い、復興の手助けをしてきた。しかし今回はというと、これだけ大きな災害・システム事故に直面して、国の動きはあまりにも貧弱に見える。国は被災地を本当に支えられるのだろうか。

4　主体性の問いへ

†誰のための、何のための賭け？――切り捨ての可能性

広域システムは、システムを大きくすることで効率性を追求し、豊かさを享受する、そのようなシステムである。だがシステムが大きくなることで、そのシステムが破綻した時のリスクも大きくなる。ハイリスク・ハイリターンの追求が、広域システム形成の背後にはあるようだ。結局、問題は、ここまでのリスクを負ってまで、我々はいったい何を追求しようとしていたのかである。いったい誰のために、何に向けてこれほどの高リスクの賭けを行っていたのか。

この問いにはとりあえず、この国のためであり、大国経済のためであり、科学の進歩のためだと答えることができるだろう。

とはいえ、問題はさらに、そうしたもののためだとして、こういう事態が生じてしまった上で、誰がその責任を負うのか、誰がこの事態に際して指揮をし、回復に向けた資源動

員を果たしていくのかということになるが、この点になると、とたんに答えは見えなくなる。国も政治も、経済も科学も、出口も分からず右往左往しているだけのようだ。マスコミの報道はその混迷にますます輪をかけていく。

広域システムを動かしている主体はいったい何なのだろうか。何がこの動向を決定しているのだろう。

すでに述べたように、広域システムは、中心と周辺をもっている。しかしその中心は、全体にとっての中心ではなく、経済なら経済、公的機関なら公的機関のそれぞれの中心にすぎないようだ。それゆえ、システム全体をコントロールしているわけではなく、いざという時には、そのシステムを動かす主体のないシステムに転落してしまう。これがこのシステムの正体のようだ。だがさらに問題なのは、中心にはシステムを動かす主体性はないが、中心は周辺を切り捨てることができる、ということである。むろん、先述の通り中心と周辺は一体化しているので、なかなか切れはしない。しかしどうも、中心であることの本質は、まさにこの切り捨て可能性にあり、中心は、周辺を切り捨て可能であることによってその中心性を保持するもののようだ。これに対し、周辺は、中心から切り離されないようもがき、中心に切り捨てられないよう訴えなければならない。

例えば、被災自治体の再編統合が、あまり深い考えもなく、人々の口から漏れ聞こえてくることが、この切り捨て問題に関わる〈中心―周辺〉関係をよく表している。岩手・宮城の津波被災地では、自治体や地域経済のダメージがあまりに大きいために、被災後の復旧・復興の動きが他よりも明らかに鈍い地域がある。また原発事故で行政機能ごと避難を強いられている自治体では、長期避難がその存続にどのような影響を与えるのかを恐れている。被災自治体の存続は、これらの地域社会にとって、今回の震災・事故の結末が解体なのか、再生・復興なのかを判断するための大きな試金石になるだろう。そして少なくとも今回、平成の合併で震災前に自治体を失っていた場所で、震災後はっきりとその対応に様々な問題が生じていた事実を我々は十分に理解しておくべきだ。

だが、こうした自治体の存続に国が力を貸してくれるかどうかといえば、少なくともこれまで積極的に自治体合併を進めてきた国にとって、その存続が重要な課題になるとは筆者には思えない。同様に、地域文化や地域社会、ふるさとや家々の存続も、中心にいる国民たちが、それを失う人と同様にかけがえのないものと考え行動する理由はない。まさに周辺が切り捨てられることの現実化可能性が、目前に迫っているように感じられる。

†システムは中心が動かしているのではない――周辺の場における主体性

本章の最初の問いに戻ろう。

この震災は我々に何を問うているのか。この震災が起きたことで、何が、どう変わるのだろうか。

少なくともこの震災を一年半以上観察してみて実感するのは、地方と中央といった場合にも、中央で何かが変わるようには見えないということだ。一方に地方があり、他方に首都圏・中央があるが、中央がイコールこのシステムを動かす主体ではなく、ただ、この関係の中で自らのエゴを発揮できるという面においてのみ中心であるにすぎない。とはいえ、システムとしてつながっている限り、中心は周辺の面倒を見なければならないから、表面的には周辺からの中心への依存の関係は、一方的に中心が周辺に何かの責任を負っているかのようにも作動している。しかし、その中心も、中心として何かをするだけで、システム全体を動かせるわけではない。重大な責任を引き受けるふりをしながら、それを果たせるはずもなく、ただ時間がたつのを待っているようだ。

答えは少なくとも、中心の場にはない。では周辺にはあるのだろうか。

これもまたこの一年半の観察の中で、中心における動き以上に目立つ周辺の動きがあったかといえばそういうこともなかった。冷静に見れば、これだけ大きな被害を受けてしまった東北社会において、周辺の主体性は中心の主体性以上に、変革主体としては望み薄だ。

しかし筆者は、その周辺の場における主体的な変革の力を、それがたとえ望みの薄いものであるにしても、追求すべき価値のあるものだと考えている。とはいえその主体性のかたちはまた、従来のものとはずいぶんと違うものにもなりそうだ。

次章では、そのイメージをつかむためにも、筆者が経験した二〇一一年三月の出来事をさらにもう一つ差し挟んでみたい。その上で、その出来事の舞台を含む三陸沿岸から仙台平野にかけての津波被災地を概観し、この震災がもたらしたことの意味を、現場の中からあらためて確認していこう。

第 2 章

平成三陸大津波

1　二〇一一年春、津軽から野田へ

†弘前市から野田村へ

震災発生から一一日後の二〇一一年三月二二日、青森空港に関西から社会心理学の震災研究チームが到着した。代表の渥美《あつみ》公秀《ともひで》氏（大阪大学教授）は、災害ボランティア研究では、もっとも秀逸な研究と実践を行っている社会心理学者である（筆者との共編著『災害ボランティア論入門』〔弘文堂〕等がある）。他にも、災害対応カードゲーム教材「防災クロスロード」で有名な矢守克也氏（京都大学防災研究所教授）ら、関西の災害心理学者の核が集結し、青森県の被災地の一つである八戸市に向かった。筆者もこの一行に加えてもらい、初の被災地入りをした。先述のように当時はガソリンが入手困難だった。一行が調達したレンタカーに便乗して現地を見に行こうという作戦である。

八戸市社会福祉協議会にあるボランティアセンターにうかがって、一同がホッとしたのは、我々を迎えるテーブルにお茶が出てきたことである。震災から一〇日たって八戸市はかなり落ち着き、すでに泥出しのボランティア活動も始まっていた。

　翌日、一行は八戸から出発し、岩手県の方へと視察にまわることになっていた。筆者も本当は同行したかったのだが、日帰りで弘前に戻り、待機することにした。あるもくろみがあったからである。

　翌二三日の夕方、視察を終えた一行からの報告が弘前にいる筆者の携帯電話に入った。八戸市から岩手県北部沿岸を宮古市まで手分けしてまわったが、久慈市の南隣にある野田村では、市街地が半分流されながら、ここだけ支援者が入っていないという。「何でもいいから誰か入って」という渥美教授からのSOSに、我が意を得たりという気持ちだった。実は、この日開催予定だった弘前感交劇場・やわらかネットという会合（毎週水曜日開催）で、筆者は支援の仲間を募るつもりだったのだ。この会合は弘前市観光物産課主催の、関心のある観光関係者なら誰でも参加できるサロンのようなものである。

　そして、同じような考えで、気持ちのある人がこの日集まってもいた。会合では、春の観光シーズンを迎えての弘前の観光業の窮状も報告されたが、「被災地を支援してこそ観光も再生可能だ」との声も出る。とくに、のちに野田村支援隊の隊長となる土岐《とき》司《つかさ》氏が主張した「観光業にとって、被災地はお客さん」との話に多くが賛同し、支援の有志の組織化の話が進んだ。そして筆者の提案で、そのターゲットとして野田村への先遣隊の派遣が決まることとなる。

二四日には、平川市にあるフードバンクだいちや、白神《しらかみ》山地で活動するＥＣＯリパブリック白神などが協力して救援物資の準備が進み、グループ名も津軽衆有志野田村支援隊と命名。二五日早朝、まだ陽もあがらない中、その第一陣が出発した。この時、弘前の新聞社・陸奥新報の記者にも同行をお願いした。これは後で大きな効果を発揮することとなる。

†野田の惨状――役場職員が危ない

朝早く出発した支援隊は、昼前には野田村に到着。ちょうど八戸自動車道も復旧し、支援開始には好都合だった。軽米《かるまい》から久慈経由で浜街道（国道四五号線）を使って野田村に入る。中心市街地の方へ曲がろうとすると、警官に呼び止められた。「役場に行く」と伝え、町中への進入を許可してもらう。その数日前まで町へ入っていく道路はがれきで埋もれており、そのための警備だった。

行ってみると確かに野田村は、岩手県の北部にあって支援の過疎状態となっていた。役場も浸水し、中心市街地や沿岸の農村・漁村集落が大きな被害を受けていたが、小規模な自治体のため、いわゆるボランティアグループの目が届かず、今後も広域的な支援の網の目から漏れてしまう危険性があった。

この日、いくつかの避難所をまわり、もってきた物資を半ば強引に押しつけながら、状況を観察していった。海岸から約一キロ離れた役場の前までベロリと流されてしまっている。堤防も損壊し、三陸鉄道の線路も無残な姿をさらしていた。人々の憔悴《しょうすい》しきった顔がある一方、地元の高校生たちが町に出てボランティア活動に励んでいた。

だがもっとも印象的だったのは野田中学校の避難所に行った時のことである。物資をもって駆けつけていた役場職員に出会うが、声をかけるも様子がおかしい。全然休んでいないのだという。「職員の応援はどうなってるの」の質問にも「頼んでいるんだが……」との返事。避難所の住民が言う――「職員たちが倒れないか心配だ」。明らかに限界に来ている。職員自身にも被災者は多いのだという。

帰りの車中、記者とも一緒に話をした。役場があれだけ疲弊していては駄目だ。まずは肝心の行政の支援が必要だ。ボランティアが入っても、行政機関が早く立ち直ってくれなければ焼け石に水だ。

二日後の二七日の陸奥新報朝刊、さらに二八日に東奥日報（県紙）にも先遣隊の記事が出た。これらの記事で支援隊の活動を知った葛西憲之《かさいのりゆき》弘前市長から「会いたい」との知らせが入る。二八日夜、我々は市長室に集まった市役所幹部にむけて次のことを強調した。

いま市民がボランティア派遣を進めているが、それ以前に被災地の自治体そのものの応援が必要だ。災害時の業務は、現行の制度上どうしてもそのほとんどを自治体職員が引き受けざるをえず、小さな村では人手が足りない。中心となるべき自治体が疲弊していては、ボランティアとして市民が駆けつけても十分な働きはできない。逆に、自治体職員の苦悩は自治体職員同士が一番よく分かるはずだ。行政体には行政による支援が適切だ。弘前市は我々の話を受け、まずは正確な状況をつかむため、即座に企画部長の派遣を決めた。

この時、我々が考えていた論理はこうだ。弘前市と深い交流のある自治体は今回の被災地にはない。したがって被災地のどこにでも支援はできるが、弘前市のもつ資源は有限だ。岩手県は、青森県と隣接しているとはいえ距離が離れており、北限の野田村でさえ弘前から車で三時間もかかるから、日帰りならここが限界だ。また大槌町《おおつちちょう》や陸前高田市《りくぜんたかた》のような大規模被災地では、弘前市民の手には余るかもしれない。しかし、岩手県最北部の被災地で、避難者も三百人ほどなら、弘前市民の力も大きな威力を発揮できるかもしれない。

†弘前市は独自判断「自己負担で出そう」

三月二九日、現地調査に向かう。弘前市からは蒔苗《まかなえ》貴嗣企画部長（当時）が同行。蒔苗氏は、弘前市の総合計画策定の仕事などで、長年にわたり筆者に行政とはどんなものかを教えてくださった方だ。この日、野田村役場は一階の泥出しも終わり、数日前の風景からするとずいぶん明るい雰囲気にもなっていた。村長は県庁出張で不在、副村長と面談することになったためか、弘前市の支援申し入れには明確な回答がなかった。だが蒔苗氏は、「こういうものは押しかけるものだよね」としっかり我々の現状認識を受け止めてくれる。戻って夜、市長に報告ののち、弘前市は野田村に派遣職員を出すことを決定した。なおこの間、大阪大学の渥美教授の方でも、関西の災害ボランティア団体（NVNAD：日本災害救援ボランティアネットワーク）のメンバーを集め、三〇日には第一陣を野田に送り込んでいた。

三月三一日、野田村支援隊も本格的な活動を開始した。総勢三〇名ほどの一群には、B級ご当地グルメ・黒石つゆ焼きそばの会も炊き出しで参加、また弘前市役所からの派遣職員二名も加わっていた。この日までに野田村では最後の行方不明者が見つかっており、捜索からがれき出しへと村の状況も大きく転換し始めていた。

さて到着してみると、野田村では、二九日の遠慮がちな雰囲気はどこに行ったのか、職員派遣を待ち望んでいたようで、派遣を弘前市にすすめた我々もひと安心する。すでに配置も決めてあり、筆者と同行していた学生まで、「もう一人いいの？」と連れて行こうとする。喉から手が出るほど人手が欲しかったことが分かる。野田には当時、消防・警察を除けば、隣の久慈市からの応援と、北海道の友好町・様似町《さまにちょう》からの派遣があっただけだった。様似町は、野田村から漁業で稼ぎに渡った人たちがつくった町で、深い関係にある。縁もゆかりもないのは弘前市のみである。

こうして野田村支援隊のボランティア派遣がきっかけとなり、弘前市役所が連動して官民一体の支援がスタートした。さらにこの直後、弘前大学でボランティアセンター（人文学部所属・当時）が立ち上がり、弘前市社協でも市民ボランティアの募集が始まると、学生・弘前市民も一緒になった市民一丸の支援活動に広がっていくこととなる。

†弘前市のボランティアブームとさくらまつり

四月中旬、他のところよりも一足先に、弘前市ではボランティアブームが来ていた。この震災では、四月末からの大型連休がボランティア活動の最大のピークだったというが、弘前では連休には支援活動はすでに第二段階に入っていた。

弘前は先述の通り観光都市でもあり、ゴールデンウィークは毎年「さくらまつり」一色になる。だがこの年は、震災の影響でキャンセルが相次ぎ、業者たちは悲鳴をあげていた。とはいえ、むやみに弘前だけが安全宣言もできない。この状況を救ってくれたのが野田村の人々だった。

連休直前の四月二七日、野田から弘前への訪問が実現した。この日、弘前さくらまつりが開催されている弘前公園（弘前城址）に、野田村から一行約三〇名が着いた。引率するのは、野田村支援隊の土岐司氏とボランティアの仲間たちである。筆者が代表をつとめるNPO法人・白神共生機構のメンバーもいた。開花が遅れて肝心のさくらの花はまだだったが、和気あいあいと公園の桜の下を散策する風景がテレビなどで広く報道された。

被災地からの観光地への訪問は全国の他の地域においても行われたが、このケースはそのハシリともいえる事例となった。事実、多くのメディアが紹介し、全国ネットのある報道番組では特集の一つに取り上げられて、インタビューに答える弘前の仲間たちを筆者は新しい赴任地となった東京のテレビで見ることとなった。

まだこの時、被災地は落ち着いてはいない。将来も不安で花見どころではない。でも弘前の人たちが誘ってくれるなら。活動開始から約一カ月。最初会った時は青ざめ、暗い顔をしていたこの地域の人たちが、そういう気持ちになってくれたことに、この日、野田村支援隊の仲間は大きな達成感を感じたようだ。

実はこの花見にはマスコミが殺到して、野田の人たちは緊張しっぱなしだったという。本当にみながのんびりし、楽しい交流が始まったのは、弘前市が提供した公共の宿「星と森のロマントピア」での夜の会食だった。とはいえ、メディアによるこの交流の報道は、観光地・弘前を被災者支援先進地として印象づけるのにあまりあった。実際にその後、相当程度の観光客の回復が見られたという。結果として野田村の人たちは、弘前市民のためにさくらまつりに来てくれたようなものだ。だが決してそれを狙って弘前市民は動いたのではない。非常事態の中、お互いがお互いを思いやりながら、協力し合える関係が結果としてできたことに、大きな意義があったといえる。

もっとも、筆者にこうした結末が見えていなかったわけではない。この時考えていた論理を少しだけ示してみよう。

2 社会がつくる主体性

†東北の主体性、社会的主体性

今回の震災ではあまりにも広域に被災地が展開し、そのため、被災地支援をする人々もターゲットを絞りきれずに、いろいろな場所に出かけて右往左往している様子がよく見られた。あるいは、あまりにも事態が大きかったため、現地に行くことさえためらわれる空気が流れてしまった。大規模災害時には国民は自然と一体となり、支援の波が沸き起こるものだが、今回は福島の原発事故と計画停電、長期化した原油供給量の制限、物流の停滞などもあり、手をこまねいている間に支援しようという意識のピークが過ぎてしまい、十分な支援がなされないまま被災地が放置される状態がつづいた。

弘前市民も放っておけば被災地のことを忘れ、自分たちの身を守るだけの方向に流れていたかもしれない。しかしながら、野田村という身の丈にあった対象を設定できたので、四月に入ると毎週のようにボランティアバスが通うようになり、支援活動が活性化していった。官民一体の支援体制などという言葉を使うのはたやすいが、現実化するのは難しい。弘前ではそれを早い時期に達成することができたと、まずは評価したい。

ところでここでは、筆者が作戦を立てて、それが当たったかのように書いたが、大切なのはあたるだけの作戦を立てられる社会構造と集合意識が弘前にはあったという点だ。

ここに「東北発の主体性」の形式を探ってみよう。

筆者は東京に異動してのち、野田村支援には関われなくなってしまったが、その後弘前で何度か行われた震災フォーラムには顔を出させてもらった（その内容については、弘前大学人文学部ボランティアセンター編『チーム・オール弘前の一年』や『津軽学第七号　津軽と災害』等にも掲載）。

その際に話題になったのが、「新しく〝ねぷた〟をつくったようだね」という感想だった。青森ねぶたは東北の夏祭りで有名だが、弘前は「ねぷた」。巨大化し、企業の寄付を中心につくられる青森のねぶたと違って、弘前ねぷたは、町内や有志グループの手作りと市役所や観光業者たちの力強いバックアップ体制で構築される市民の祭りだ。毎年、八月第一週の弘前はこの祭りに色めき立つ。震災を機に、いわば新しいねぷたを市民と行政で無我夢中のうちに作り上げたような気がしたわけだ。

ねぷたは決して個人の思いの結集ではない。むしろ集団の意志が成立して、そこに人々が行為を束ねるようにつくられていく。ここで成立した主体性は個の集まりではない。社会そのものが主体となっている。

弘前では「社会」が見えていると言い換えてもよいだろうか。ここに暮らす市民の諸カテゴリー、市役所のような公共機関から様々な企業・業者たち、メディア、大学・教育機関まで、この社会を構成する各要素がきれいに見えており、そのつながりや関係性も手元にあった。誰が何を考え、誰と相談し、誰と動けば社会全体が発動するのか、こうした小さな地域社会では何となく想定できる。

ここには個々の主体性とは違う、社会的な主体性があるようだ。実際、個人個人がバラバラではこの事態に対応できない。大きすぎて足もすくむ。しかし知っているみんなとなら動けるかもしれない。個的ではなく社会的であるからこそ、こうした非常事態の実践主体でありうるわけだ。それゆえ、筆者は何らかの触媒ではあったとしても、決して筆者個人が主体だったのではない。ここに関わった人々がみなすべて組み合わさって、一つの「弘前市民社会」という主体が動いたわけだ。

†関西と東北のつながり

そして実は、この野田入りの最初のきっかけとなった関西の研究者たちも、その根っこには同じような社会的主体性の論理をもっていたのである。

今回の東日本大震災では、関西発の様々な団体が積極的に被災地支援の活動を行ってきた。その理由は明白だ。多くの人が、「一九九五年阪神淡路大震災のお礼がしたい」という思いで、活動を行ったのである。

ボランティア概念に含まれる、この「お互い様」や「助け合い」に代表される社会性の論理は、九五年の震災の際に生じた、空前のボランティアブームを解明する重要な鍵でもあった。筆者は『震災ボランティアの社会学』(ミネルヴァ書房)でこう強調した。「ボランティア」はむろん輸入語。そこには「神の意志」も介在し、日本人にはなじみにくい概念だ。九五年の震災ボランティア現象は、この語に含まれる宗教的意味合いが外れ、日本的な論理――「お互い様」から始まる「助け合い」の論理――が組み込まれることによって誰もが使える概念になった。

もっとも当時は「ボランティア革命」ともいわれ、自立した市民による新たな市民社会の到来などとしてこの現象は讃えられたから、それを貶《おとし》めるような筆者の議論はどうも評判が悪かった。しかし、あれから一六年後、阪神の人々自身がこの震災で、まさに「助け合い」の論理のもとで動いているのを我々は広く観察することとなったのである。

渥美教授らが当初、八戸に来た理由は、ただ「北側の支援が心配だ」ということにつきるものではない。むしろ、渥美教授が八戸市社協で語った次のような説明が重要だ。「阪神淡路大震災の時、八戸の人たちが阪神の子供たちをキャンプに呼んでくれた。その時の子供たちがいま三〇歳代。当時のことをよく覚えていて、八戸に恩返しがしたいというので、託されてまずは八戸に来たのです」。ここにも関西と八戸との相互的な関係がある。

支援する側・される側は、基本的に非対称の関係だ。一方が支援し、他方が支援されるという関係は何か息が詰まる。だが「お互い様」の関係になれるなら、支援の意味は一気に軽くなる。そしてそれが可能となるのは、個々人がバラバラではなく、何らかの社会の一員となっている時のようだ。個対個の関係は非対称でも、社会対社会の関係に置き換えれば、見知らぬ人との間でもお互い様の関係が可能となる。いま目の前の支援を受けても、次に別の相手に返せば負債はなくなる。弘前市と野田村、関西と八戸、こうした社会関係の積み重ねの中で、行為の輪が広がっていく。その後、八戸の人々も、関西のグループとともに、野田村の支援に合流することとなった。みな、個人間のつながりの前に、社会同士のつながりや関係性が下敷きにあるからこそ、主体的に動けるのである。

これが筆者のいう「社会的主体性」である。主体は個の中にではなく、社会の中にある。我々の社会は広域システムの中で個々バラバラになってしまったようだが、しかし決して完全に粉砕されてはいない。普段は見えないが、それぞれに社会的なまとまりをもっている。それは小さな村のみならず、都市住民を集団化したり、さらには市町村域を超える規模で現れたりもする。今回の震災でも、こうした事例は目を凝らせばいくらでも集まりそうだ。それぞれの個人の中の主体性を問うよりも、社会の中のどこに主体が潜んでいるのか、その可能性を探っていく方が建設的なようだ。

†広がらなかった対口支援

弘前で行っていたこうした市民一体の体制づくりは、これを行っていた側からすると、決して特異なことをやっていた意識はなかった。むしろ日本のどこでも同じようなことが動いているものと思っていた。とくに当時、話題になっていた「対口《たいこう》支援」が筆者らの意識にはあった。

対口支援とは、二〇〇八年の中国四川大地震で行われた被災地支援の手法で、広大な被災地を被害のなかった地域で割り振り、分担して復興を担当するものである。広域に広がる被災地から落ちこぼれをなくし、効率よく資源を投入する手法として採用された。支援を担当する側も、他との競争になるので力が入る。とはいえ、この手法には、効率的な復旧支援が実現する反面、支援する側とされる側の立場の差が強く表れ、両者の格差が明確化してしまうなど、様々な問題点も指摘されていた。

弘前で我々が目指したものは、こうした対口支援の一つであった。むろん、それが有効に機能するためには、支援する側・される側に対等な関係が必要だったし、そしてそこには互いの社会的主体性がなければならなかった。

しかしながら、後に明らかになったように、日本においても、中国とはまた違ったかたちで、その社会構造がもっている悪い特徴が自治体間支援のうちに出てしまったようだ。

日本型対口支援は、震災から数カ月たって、いわゆるペアリング支援として制度的にも広く実施された。しかしここでは、各市町村の意向よりは、国から県へ、県から市町村への調整が強く入るかたちになっていた。派遣費用は国が出すのだから当然といえば当然だが、すでに主体的に動いていた自治体への配慮があまり見られなかった点には、日本の秩序構造の悪しき面が垣間《かいま》見えたといって言い過ぎではあるまい。弘前市でも岩手県内のある自治体への派遣が割り当てられ、野田村は別の町村の担当になった。結局、弘前市では野田村へも自主財源での派遣を決め、割り当て分とともに二重に職員を派遣することとなったという。

なぜこうなるのか。

日本の地方自治体は——その勢力に強弱はあれ——関係は基本的に対等である。だから災害時の職員派遣も、その対等性を前提に進められる。被災地支援は支援側が一方的に押しつけるのではなく、被災地からの要請があって初めて行われるべきものとなっている。費用も基本は被災地もちだ。そして実際に支援に動く団体も、被災地と直接関係のある周辺自治体に限られてきた。むろんこうした枠組みは、災害規模が小さい限りは問題なく機能する。

しかしながら大きな災害の場合、こうしたやり方では無理があるから、従来の枠組みを超えた支援を調整し、導入する必要がある。ところで日本の場合、そうした判断や調整は、上位団体である都道府県が行うことになっている。論理的には各自治体は自由に動けるのだが、実態としては都道府県の指示に従うというのが慣例だ。今回も多くの市町村では、上位機関である県の調整や指示をひたすら待っていたようであり、実際に派遣の準備をしながらも、県からの指示がなかったため、出られずにいた自治体もあったと聞く。

これに対し、弘前市では、市民が動いたことを優先して、支援の実施先を早いうちに決定した。弘前市長の決断は、こうして見れば画期的なものだったといえるだろう。

何をするにも介在してくる上位下位関係。日本社会のあらゆる局面に張りめぐらされたこの〈中心―周辺〉の呪縛《じゅばく》が、非常事態であるにもかかわらず、広く観察された。社会性は、主体性を紡ぐばかりではなく、削《そ》ぐものでもありうる。

だが本書は、このことを批判したり、批評したりすることを目的にしているのではない。むしろ今回の現象を社会学的に解明しようというものである。逆に、弘前市と野田村の間でどうしてそうした関係が可能で、なぜ他では難しかったかを十分に考えてみる必要がありそうだ。そしてそれは実際に、この災害を俯瞰《ふかん》してみればある程度、理解もできる。野田村から南下するにつれて、次第にさらに凄惨《せいさん》な災害現場が顕わとなってくる。野田村より南の被災地では、あまりに大きな衝撃が人々の主体性を奪い、支援を受け入れるだけの余裕すら喪失していた可能性がある。

野田村でもそれは自覚されていて、三月末に避難所をまわった際には、救援物資を持っていっても「他にもっと大変なところがある。そちらにまわってください」などと言われたものだ。野田村はまだまだ被害は軽い方だった。次に、二〇一一年四月段階での各被災地の被害状況について確かめ、本震災のもたらした衝撃の深みを探っていこう。

3　岩手県三陸沿岸の被災地を俯瞰する

†八戸市から野田村まで

二〇一一年四月から五月にかけて、筆者は、岩手県の三陸沿岸から宮城県仙台平野までの被災地を何回かに分けて視察してまわることができた。事態の展開の中に身を置いていると、継続的で詳細な社会調査は不可能であり、その後は機会あるごとに情報を拾い集めているにすぎない。が、それでもこの時点で被災地を広くめぐった印象にはそれなりの意味がありそうだ。被災地俯瞰の試みとして、以下にその際の観察の結果を記してみたい〈社会学者による被災状況総合化のための研究はその後広く進行しており、その成果の一部が社会学四学会合同研究・交流集会など〔二〇一二年三月五・六日〈岩手編〉、同年六月一六・一七日〈福島編「原発避難を捉える／考える／支える」〉、同年七月二九日〈日本都市計画学会との共同シンポジウム「社会学と計画学との対話」〉〕で披露されているので、ここではそうした知見もふまえて記述したい。なお、社会学四学会とは、日本社会学会、地域社会学会、日本都市社会学会、環境社会学会によるものである）。

まずは青森県八戸市からスタートしよう。

岩手・宮城・福島に比べて、青森県の被害は小さいとされるが、個別に見れば青森県にも大きな被害があった。とくに八戸港が津波を受けた様子はテレビではよく放映されていたからご記憶の方も多いだろう。津波被害は八戸からさらに北上して三沢市付近まで及んだが、中でも太平洋沿岸の県南部分、ウミネコ繁殖地で有名な蕪島《かぶしま》から、階上町《はしかみちょう》の沿岸にかけて、とくに広範囲に建物被害が生じていた。

もっとも、青森県内の死者・行方不明者は四名にすぎない。青森県に到達した波はまだ穏やかで破壊力も小さかった。そこから南下し、岩手県に入ってからも、洋野町《ひろのちょう》までは被害の規模はまだ小さい。

だが、久慈市に入ると、久慈湾に沿って大きく津波の被害が現れる。二〇一一年三月当時、筆者は軽米町《かるまいまち》から久慈市経由で野田村に向かったから、最初に見た津波地帯がこの久慈湾だった。久慈湾が見えた時、それまでは何ともなかった状況から一転して港湾部に大きな波の爪痕が現れ、走っているバイパスの海側（南に向かって左側）が泥まみれになっていたのを思い出す。だが、当事者には失礼なのだが、港湾の被害が中心でとりあえず住宅被害は少なかった。波もこれより南に比べれば小さかったことになる。

国道四五号線で野田村に出て初めて中心市街地の破壊に出会う。むろんこの間も、小袖海岸から久喜浜へと向かう沿岸の道路沿いでは、海に面した住家や人工物に徹底した破壊がつづいている。こうした細かな破壊はずっと南の茨城県まで延々とつづく光景であるが、ここでは大きな市街地にのみ焦点をあてていこう。

野田村の市街地を過ぎると、しばらく長い絶壁の上に道路はあがる。いわゆる北リアスの海岸である。川が開いた河口部の平地を除くと、この断崖が延々と石巻《いしのまき》まで連なっている。山と海との接合部がつながるこの海岸の、数少ない平野部に多くの人々が暮らしてきた。野田村も小さいながら、広い浜のある海に面した平野である。だからこそ、津波被害を受けたのだともいえる。

この野田村から普代村、そして田野畑《たのはた》村へとつづく一帯は、「臨海型の山村」であり、とくに平地が少ない。集落の多くは高台にあり、この震災では津波被害を受けずに残っている。他方で、海側におりたところにある集落では、岸にあった家屋や施設のすべてが徹底的に流されていた。

道路は山に入り、トンネルを抜け、海が見え、また山に入る。これを繰り返しながら、岩泉町の小本《おもと》集落に出る。岩泉町はそのほとんどが山間集落からなっているが、唯一太平洋岸に面しているのがこの集落だ。ここでも多くの家屋が流されていた。

†旧田老町の巨大堤防

もっとも、野田村の風景からすれば、ここまでは想定内。問題はこれからである。

小本を過ぎるとすぐに宮古市に入る。宮古市といっても、北側は平成合併前には田老《たろう》町《ちょう》であったところだ。やはり水浸しになっている接待集落を抜けると国道は山間部に入っていく。津波がかかっていない場所は震災前と変わらぬ風景のままだ。だが山間の集落を過ぎ、山をおりて田老の市街地に出てきたところで息が止まった。

震災発生後一カ月で見たその光景は信じられないものだった。おもわず車の中で「あっ」と叫んでいた。見たことのない光景が広がっていた。

いや、聞いたことはある光景だった。終戦直後の爆撃のあとだ。一部の鉄筋の建物を除いて、建物という建物が失われている。道路だけはすでにがれき撤去が終わり、通れるようにはなっていた。が、それだけだ。

旧田老町は、かつて「万里の長城」といわれた、X型の二重堤防で守られた地域だった。堤防はさすがにその偉容を残していたが、市街地の建物のほぼすべてが流されている。そのため、田老をめぐる報道では、効果のない無駄な防災公共事業の象徴として取り上げられることが多かったようだ。

だが当日、偶然話をうかがった行政職員の方は、報道とは全く違う見解を示していた。「堤防があったからこそ守られたんです。ここの予想浸水高は一五メートル。それに対して堤防は九メートルしかありません。超えるのは想定内で、堤防は避難の時間を稼ぐためのものです。堤防がなかったらさらに大きな被害に見舞われたことになります」。筆者もその後、他の被災地も見て回った上で、この話には共感できるようになっている。

というのも、田老ではそれでも、町の裏山の高台に旧役場施設と学校が津波被害を受けないままに残っていたからである。また避難所となった施設・グリーンピア三陸みやこ（旧グリーンピア田老）も、津波被害とは無縁の山の中にあった。これらがなかったらと思うと本当にゾッとする。そして実際に、この先にはもっと過酷な事態が広がっていた。

†宮古市から山田町、そして大槌町へ

田老の市街地をすぎれば、次に国道四五号線で出てくるのは宮古の市街地である。宮古市街地のある宮古湾もそれなりに大きな被害を受けていた。しかし、ここから半島を越えて、山田湾に出ると、山田町の市街地の壊滅的な被害に再び圧倒される。ここでは火災も発生していた。また、山田湾とその南にある船越湾の間で津波がぶつかり合い、巨大な水柱が発生。地続きの半島が渡れなくなり、人々は一時孤立したという。

だが、本当の地獄はこの先にあった。地獄とは大げさと思われるかもしれないが、四月のこの日、日が暮れるまでに南下したその先には、確かにさらなる情景が待ち構えていた。井上ひさしで有名な吉里吉里《きりきり》（大槌町《おおつちちょう》）も、山裾に並ぶ集落の中腹まで壊滅。さらにバイパスで山越えしてトンネルを抜け、大槌町の市街地へとおりていく。バイパスの脇には残った建物の一つ、安渡小学校があり、道路には延々と駐車する車の列があった。数少ない、残された公共施設に避難者が集中する様はここまでに見てきたもの以上だった。大槌町は、町長以下、職員三三名が死亡または行方不明となっている地域である。その役場があった現場に立つと、人一人見あたらず、殺伐としたがれきの被災地に、静かに夕闇が迫っていた。

†陸前高田市

筆者らが四月に初めて弘前から南下した時に見た被災地はここまで。同じく四月の別の日に宮城県境までまわってみたが、本章ではもう一カ所、広範囲に被害を受けた陸前高田《りくぜんたかた》市の市街地についてのみふれよう。

陸前高田市は、岩手県の三陸沿岸ではもっとも広い平野部に展開されている。気仙川《けせんがわ》河口に広がる広い平地がそのまま津波の犠牲となった。例の「奇跡の一本松」の高田松原から、波の遡上高《そじょうこう》を超える場所まで、約二キロの距離がある。この中のすべてが流された。平野の真ん中に身を置くと、被災地がいかに広大かがよく分かる。そして、ある意味で津波に対して無防備の怖い場所であったことも。ここにいて、あの大きさの津波がきたのでは確かに逃げられない。

陸前高田市役所は四階建ての鉄筋の建物だが、その四階まで津波は到達していた。戸羽《とば》太《ふとし》市長が屋上まで駆け上がって九死に一生を得た話は有名だ。多くの人が亡くなり、一夜にして市街地のすべてが失われ、昨日までの役所、学校、病院、中心市街地の商店街、住宅街や大型店までが水の中に沈んだ。難を逃れたのは、高台に開発されていたいくつかの郊外住宅団地くらいだった。

筆者が訪れた時、役場施設はこうした高台の分譲地の残りを利用して建てられたプレハブの中にあった。災害対策本部も残された数少ない公共施設である給食センターに設けられていた。ドアには貼り紙があり、直後の衝撃を物語っていた。貼り紙は役場職員の安否を知らせるもので、しかも亡くなった人の記載ではなかった。「生き残った人は以下の方々です……」。

こうした状況に比較すれば、大槌町と陸前高田市との間にある釜石市や大船渡《おおふなと》市の状況は、まだ平穏だったといっても許されるだろう。いずれも大きな被害があったが、市街地のすべてが破壊されたわけではなく、生き残った市街地も比較的大きかった。とくに行政機関が守られたことは大きいはずだ。例えば、釜石市も町の半分は破壊されたが中枢機能は残っていた。大船渡市ではすでに三月末には災害復興局を設置して、復興に向けた体制をスタートさせている。同市では大船渡と盛《さかり》の二つの市街地のうち、大船渡が壊滅的な打撃を受けたが、盛の大半は残った。無事だった市役所も、いまとなればなぜこんな急坂の上に置かれたのか、その理由を市民の多くが実感したに違いない。

4 破壊と再生のジレンマ

†災害には様々な顔がある

以上、岩手県の状況を念頭に、今回の災害の多様性を腑分けしてみたい。

一見、津波被災地は、北から南まで似たような情景を示している。ひっくり返った堤防、押し上げられたテトラポッド、越水した波の跡、押し流された家や自動車、そして乗り上げた船。衝撃の大きなところでは木造住宅は礎石を残してすべて流され、鉄筋コンクリートの建物がその骨組みだけを残していた。小さな浜から、大きな都市まで満遍なく徹底的にあらゆる沿岸の暮らしが大きな津波被害を受けた。

しかし、その破壊の度合いは、地域によって多様でもあった。広大に被災地が連なる場所もあれば、少ししか波をかぶらなかった地域もあり、また少し高台に行けば全く無傷の地帯がそこにはあった。波の高さと方向で被災地は決定づけられており、数メートルの差が残酷なほどに明暗を分けた。

もっとも、こうした被害の差は、単に津波の衝撃の大小による差につきるのではないことにも注意が必要だ。災害はきわめて複雑な絡まり合いの中でつくられる。被害も表面に見えているものだけではない。

まず災害による被害には、物的損壊や人的被害といった、数値的に計量可能なかたちで計られる「物理的被害」がある。これに対し、目に見えない被害として精神的ダメージ、すなわち人々が受ける「心理的被害」もある。さらに被害には社会に関するものがあり、ここではこれを「社会的被害」と呼んでおこう。以下、物理的／心理的／社会的被害の区分をもとに、今回の震災の被災地の被害の大きさについて考えてみたい。

†明治・昭和・平成大津波の死者数

物理的被害について、まずは今回の人的被害の様相を確認しておこう。

明治・昭和の三陸大津波と、今回の平成大津波との死者・行方不明者数を比較すれば、明治三陸大津波（明治二九年）の犠牲者が二万数千人、昭和三陸大津波（昭和八年）が約三千人に対し、平成大津波の死者・行方不明者数は二万人弱とされている（警察庁資料二〇一二年一一月二八日付で一八六一八人）。今回の平成の津波被害は明治のそれに匹敵する大災害だ。しかし、その死者の分布には注意が必要である（表1）。

明治三陸大津波では、岩手県の死者数約一万八千人に対し、宮城県の死者は約三千人と六分の一程度だった。昭和三陸大津波でも岩手県二千六百人に対し、宮城県は約三百人で、やはり岩手県に被害が集中している。

今回の平成大津波では岩手県の死者・行方不明者数約六千人に対し、宮城県が一万一千人と、宮城県が岩手県の約二倍に近い数値となっている。岩手県のみで考えれば、明治の時に比べて、この間人口が増えた反面、死者数は三分の一以下に減らしたのだから、それなりに死者数を押さえ込んだといえそうである。これに対し、今回新しく広がった宮城県内の被災地をどう考えるのかは重大な問題である。

とはいえ岩手県内の人的被害においても、市町村別に見れば地域差がある。昭和までは宮古市旧田老町、釜石市、大船渡市で被害が大きかった。これに対し、今回は大槌町、陸前高田市で被害が大きい。明治大津波で多くの命を失った場所は、昭和の津波を経て、今回の平成大津波ではそれなりに死者数を減らしたといえそうだ。今回の激災地である大槌町、陸前高田市はどちらかといえば、これまで被害の小さなところであった。

	明治 29 年（1896）	昭和 8 年（1933）	平成 23 年（2011）
岩手県	**18,157**	**2,667**	**6,150**
洋野町	254	116	0
久慈市	487	18	4
野田村	260	6	39
普代村	302	134	1
田野畑村	232	91	30
岩泉町	364	155	8
宮古市	3,071	1,155	543
山田町	2,119	16	799
大槌町	600	61	1,311
釜石市	6,477	404	1,121
大船渡市	3,174	405	483
陸前高田市	817	106	1,811
宮城県	**3,387**	**307**	**11,730**
気仙沼市	1,881	79	1,454
南三陸町	1,234	85	848
女川市	1	1	881
石巻市	271	142	3,947
東松島市	—	—	1,160
松島町	—	—	7
利府町	—	—	9
塩竈市	—	—	50
多賀城市	—	—	213
七ヶ浜町	—	—	77
仙台市	—	—	921
名取市	—	—	987
岩沼市	—	—	186
亘理町	—	—	275
山元町	—	—	715
福島県	—	—	**2,785**
新地町	—	—	116
相馬市	—	—	475
南相馬市	—	—	963
浪江市	—	—	377
双葉町	—	—	94
大熊町	—	—	79
富岡町	—	—	143
楢葉町	—	—	79
広野町	—	—	29
いわき市	—	—	430
総計（表記分のみの計）	**21,544**	**2,974**	**20,665**

表１　明治〜平成の大津波による死者・行方不明者数
出典）平成は総務省統計局「東日本太平洋岸地域のデータ及び被災関係データ」（2012 年 10 月 22 日更新）から、明治・昭和は山下文男『津波と防災』による集計から作成。

	順位	県名	市町村名	死者数	行方不明者数	死者＋行方不明者数
人数	1	宮城県	石巻市	3,471	476	3,947
	2	岩手県	陸前高田市	1,588	223	1,811
	3	宮城県	気仙沼市	1,204	250	1,454
	4	岩手県	大槌町	838	473	1,311
	5	宮城県	東松島市	1,125	35	1,160
	6	岩手県	釜石市	968	153	1,121
	7	宮城県	名取市	944	43	987
	8	福島県	南相馬市	852	111	963
	9	宮城県	仙台市	891	30	921
	10	宮城県	女川町	595	286	881

	順位	県名	市町村名	死者＋行方不明者数	2010年国調人口	死者＋行方不明者数／人口
割合	1	宮城県	女川町	881	10,051	8.77%
	2	岩手県	大槌町	1,311	15,276	8.58%
	3	岩手県	陸前高田市	1,811	23,300	7.77%
	4	宮城県	南三陸町	848	17,429	4.87%
	5	岩手県	山田町	799	18,617	4.29%
	6	宮城県	山元町	715	16,704	4.28%
	7	岩手県	釜石市	1,121	39,574	2.83%
	8	宮城県	東松島市	1,160	42,903	2.70%
	9	宮城県	石巻市	3,947	160,826	2.45%
	10	宮城県	気仙沼市	1,454	73,489	1.98%

表2　被災市町村の死者・行方不明者数・割合の順位
出典）総務省統計局「東日本太平洋岸地域のデータ及び被災関係データ」（2012年10月22日更新）より作成。

†市町村別人的被害の比較

自治体別の数値を、さらに詳しく見てみよう。表2は、死者・行方不明者の人数および、震災前人口に占める割合を、上位一〇位の市町村のみ並べたものである。

まず目を引くのは宮城県石巻市の死者・行方不明数三九四七人であり、ここに被害が集中していることは明らかだ。千人を超える死者・行方不明者を数える自治体は順に、陸前高田市、気仙沼《けせんぬま》市（宮城県――以下「宮」と略）、大槌町、東松島市（宮）、釜石市とつづき、さらに名取市（宮）、南相馬市《みなみそうま》（福島県）、仙台市（宮）、女川町《おながわちょう》（宮）となる。上位の自治体に宮城県内の多くの市町が入っていることに注意したい。

試みに、震災前の国勢調査人口（二〇一〇年九月）で被害者数を割って、死者・行方不明者数の全人口に占める割合を出してみると、ここでもトップは宮城県の自治体で、女川町が八・八パーセントにも達し、一〇人に一人が亡くなっている計算になる。次に、大槌町、陸前高田市がつづき、総数、割合ともに陸前高田市、大槌町はやはり上位にある。

むろん、数値が小さいから被害が小さいなどといっているのではない。この震災以前は、たとえ数名の犠牲であっても災害報道がしっかりと行われてきたことを思い起こそう。さらにいま述べたように、規模の違う自治体の数値を並べても被害の比較はできない。昭和・平成の合併を経て自治体が巨大化していたり、内陸部に多くの人口を抱えている自治体もあるからである。

だが、こうして、死亡者数やその割合を並べてみると、被害はどうも岩手・宮城県境付近から南側の方に集中しているという印象が残る。

しかしながらこの印象は、目で見る被害の状況とは必ずしも一致しない。宮城県の被災地よりも、野田村をはじめ、岩手県の被災地の津波の破壊力の方が大きく見える。そして実際に、生じた津波そのものも岩手の方で高く、死者数（物理的被害）と、津波の大きさ

（物理的インパクト）とは必ずしも相関しないようだ。

†津波の高さと人的被害

今回の平成大津波の遡上高では、大船渡市綾里《りょうり》の四〇メートル、宮古市姉吉《あねよし》の三八・九メートルという数値があがっている。このあたりを最大値として、野田村から大槌町にかけての岩手県北部沿岸一帯が二〇メートルを超える超巨大津波地帯とされている。そしてその南側、釜石市付近から県境をはさんで石巻市あたりまでが二〇メートル前後となってやや低くなり、仙台平野に至っては一〇メートル前後と——福島県内も一部二〇メートルを超えたとされるが同程度——さらに一段低かったとみられている（東北地方太平洋沖地震津波合同調査グループ「二〇一一年東北地方太平洋沖地震津波に関する合同現地調査の報告」他より）。こうした津波遡上高を先の死者数と重ねてみると、遡上高の高い岩手県北部よりも、遡上高が比較的低い岩手・宮城県境に被害が集中し、さらには宮城県中南部で波の高さに比して人的被害が非常に大きくなっている点が注目される。

このように、物理的インパクトは必ずしも物的被害をそのまま大きくするとはいえず、ここには何らかの媒介が入っているようだ。ではそれは何だろうか。

†生存者の心理的ダメージ

同様に、災害後に残された人々の心理的ダメージを考えた場合にも、ただ単に物理的被害が大きいから心理的ダメージも大きいと考えるのは早計である。むろん、破壊を目の前で経験すれば、それだけでも強い心理的ダメージとなる。さらに多くの死者を抱えてしまった地域では、喪に服す状況から抜け出るのに時間がかかる。物理的ダメージと心理的ダメージは相関する。だが、死者の多さのみならず、その質もまた重要だ。

津波災害は、遺体確認ができない事例を多く抱える災害である。石巻市や大槌町でいまだに五〇〇人程度、女川町、気仙沼市、南三陸町、陸前高田市などでも二〇〇名以上がまだ見つかっていない。行方不明者がすべて亡くなっていると仮定するなら、大槌町や女川町ではいまだに約三分の一の方の遺体が見つかっていないことになる（二〇一二年一〇月末現在）。

今回の津波災害では、一瞬にしてそれまでのすべての生活がひっくり返った。故郷のかつての情景は一日で一変した。かわって現れた殺伐たる情景は多くの人に、恐怖を伴う強い心理的ダメージを与えたはずだ。町が根こそぎ広範囲に流された地域ではとくに、この災害ダメージからの心的回復には時間がかかるだろう。

もっとも、こうした心理的ダメージを、PTSD（心的外傷後ストレス障害）というかたちで議論し、心のケアのような医学・医療の対象にするだけの議論には、筆者は違和感をもつ。

というのも、こうしたレベルの災害では、心理的ダメージは個人に現れるものという以上に、社会的集合的に生じるものだからだ。むろん、心のダメージはそれぞれの個人がもつ精神的な強さ・弱さに関係し、またしばしばその時の個人的な事情を反映する。しかしまた、心の強さは、人々のコミュニティへの包摂度にも深く関係している。仲間が近くにいる人ほどダメージは受けにくいだろうが、被災後に孤立してしまうと、すべてを個人で受け入れなくてはならない。一般に、避難所生活は厳しいものと想定されているが、地域社会の大規模破壊という現実の受け入れにとって、集団生活は必ずしもマイナスにはならない。だが、今回は町全体が被災し、避難も広域化しているので、被災者がこれまでになく分散し、人々はより孤立している。そのことによる影響が今後、どのようなかたちをとって現れてくるのかについてはしっかりと考えておく必要がある。

こうして今回の震災では、物理的ダメージ、心理的ダメージを問題にするだけでなく、社会的ダメージをも問題にする必要がある。災害による物理的被害、心理的被害は社会によって媒介される。そして、何より強調すべきは、東日本大震災は、根深い社会的ダメージを伴った災害であるということである。

†社会と被害の相互作用

災害による社会的ダメージを問題にするにあたって、その意味をうまく理解してもらうためにも、そもそも災害による被害は社会的に決定されるのだということについてもう少し説明しておきたい。

災害による物理的ダメージはそれ単独で生じることはない。そこには必ず人間がいる。人間がいるから災害なのである。

同様に災害は社会に対してのみ生じる。それゆえ、その被害はまた、必ず社会のフィルターを通して決定される。自然の猛威も、それを受ける人間の側、社会の側の状態によって受けるダメージは異なる。

コミュニティの中で災害に対する準備がしっかりとしている地域では、実際のダメージは小さいということはよく知られている。地域の防災武装——例えば消防団・自主防災組織の有無——が、被害の内容を決定的に変える。今回も地震が来たら高台に逃げる、こうした災害時の行動文化をしっかりと伝承していたところは人的被害が少なかったとされている。またどこに誰が住んでいるとあらかじめ知っているコミュニティは、人の捜索の際にも目的をもって動けるが、お互いに全くそれが分からないコミュニティも存在する。コミュニティの強弱が、災害時の被害を増減することは多くの経験が物語るところである。

今回の津波被害を考えるにあたっても、コミュニティの問題をはずした議論はできないはずだ。まずはこうした避難行動に及ぼすコミュニティ効果を十分にあぶり出す必要がある。同じような自然の猛威に見えても、うまく逃げられたところとそうでないところがあるようだ。また避難はしたものの、その避難先が流されているケースもある。避難行動の総合的検討には、まだしばらく時間がかかりそうだ。

こうした検証はまた、今後の防災につながる問題を提起するだけでなく、当の被災地にとっても、復旧・復興のあり方の根幹に関わるものになるはずだ。表面的な被害はどうあれ、実際にあの時、人がどう動いたのかによって、今後どのような物理的防災建築物を用意するべきか、そもそもその場所に住むべきかどうかの判断も異なってくる。しかしながら、現在の復興をめぐる計画策定の中では、こうした避難行動の検証は十分に行われないまま、将来の内容が決められつつあるようだ。

復興に関わる問題は第5章で取り上げよう。ともかくこうして、災害に際し、社会的なものがどのように作用したのかによって被害状況は異なり、さらにはその回復過程も違ってくる。もっとも、今回の震災では、社会的なものがどう災害時に機能したかという以前に、社会的なものそのものが津波災害でどのような被害を受けたか、すなわち「社会的被害」の問題についても言及しておく必要があるようだ。そして、この震災のもっとも深刻な問題は、この社会的被害の重さにこそある。

†社会的被害の諸相

社会的被害について、ここでは次の四つの側面に分けて考えてみたい。

①家と親族

被害は、社会的にはまず第一に、家族の破壊として現れる。家族構成員のうち、どんな人が何人亡くなったかがまずは問題になるが、社会的ダメージとしてとらえるなら、その家が災害を経て再生しうるのかどうかが重要だ。

一家全滅であれば再建は不可能かもしれないが、一部でも残れば、周りが協力して家の再興を果たすということは戦後直後ぐらいまでならふつうに見られた。

これに対し、平成の大津波災害では、しばしば家の再興・持続可能性が問われている。被災地には半島に展開する過疎地もあり、衰退を余儀なくされていた商店街、後継者問題に悩む漁村や水産の町も多かった。すでに自分の代までと思っていた高齢者のみ世帯の家も多く、今後、津波災害が家をたたむ「よいきっかけ」となるケースが大量にあらわれそうだ。このことが今後どのようなかたちで被災地の復興に影を落とすのかは未知数である。

加えて、津波は面的に広がりをもって襲うので、助け合うべき親族ネットワークごと被害を受けていることもある。今後の復興を考える場合、実は自助の基盤が破壊されているケースがあることにも留意しなければならない。

②コミュニティ

こうした家々の集合体として近隣ができ、集落（むら・まち）ができているわけだが、今回の津波災害では、集落の家々が丸ごと被害を受けたコミュニティも現れた。

津波災害は、波の高さや当たり具合によって被害状況が変わる。コミュニティへの被害という面から見れば、ほぼ全戸が流失することもあれば、半分や一部の被災という場合もある。実際は後者が多く、明治・昭和と津波を繰り返してきた地帯では、海側に近いところにある被災した家には比較的新しいものが多いようだ。集落の中のどういう家がどの程度の被害を受けたかも十分に検証が必要だ。そのことによって、復興の道筋が大きく変わる。

右の家族問題と絡めて重要なことは、例えば、個々の家々で地域からの撤退を決断してしまった時に、残された家々さえも存続の危機に立たされる可能性があることだ。集落はしばしば、流された家／残った家をあわせて一つとして構成されているので、バラバラに意思決定すると、集落レベルでの再建が難しくなる。

これに加えて、大槌町や陸前高田市、あるいは南三陸町、女川町などの津波激災地では、こうした単位集落の枠組みをさらに超えて、町や都市の社会的基盤のすべてが流されてしまった。このことで、社会関係そのものが広く消失したり、変質したりしている。

被災地ではまたしばしば、震災前からあった問題が震災を機に一気に露出し、人々の関係が悪化して、復興に向けたビジョンを描けなくなっている地域も出てきている。そして、こうしたコミュニティの崩壊によって――それは必ずしも全戸が消滅したという意味ではなく、例えば自治会を維持できなくなったという意味であるが――集落解散に至った例も一部には現れている。

③地域産業・経済

さらに社会的問題として目につくのは、地域産業・経済へのダメージの大きさである。とくに岩手県の沿岸部では、漁業や海運に多くの人が従事しながらも、その産業は震災前から決して活発とはいえなかった。その沿岸部の産業・経済が、それを支える港湾ごと根こそぎ破壊された。地盤沈下等もあって、復旧はごく限られた範囲でしか進んでいない。施設も船も失った。中でも後継者の問題が取り沙汰されていた地域における津波被害は、人々が再生に投資することを躊躇するような事態を生み出している。

農林水産業より従業者比率の高い商工でも社会的被害は大きい。そもそも個人経営の中小事業体では、こうした被害に接して再生を考えあぐねている事情があり、これに対して、そうした市場を大手資本がまとめて獲得しようという動きもある（漁業への大規模資本導入や、各地での大型店舗参入など）。そもそも顧客が広範囲に被災し、消費経済のパターンも規模も震災前後で大きく変わっており、またこうした動きは消費者の側から見れば一見望ましいもの（生活の利便性）を伴うため、事態は複雑である。加えて、復興経済は公共事業への依存を強め、産業構造を歪《いびつ》にする。こうして震災は、災後復興のあり方によっては、直接的な被害がなかった人々にも、大きな影響を与えることになる。

④地方自治体

さらに行政自治体のダメージがある。この点は今回の震災でもっとも顕著にあらわれている問題であるにもかかわらず、しばしば見落とされていることの一つだ。被災後の公共のあり方は、広域システム災害においてきわめて重要である。

地方自治体がいまではすべての災害対応の中心にある。ここが動かなければ何も機能しない。それゆえ、その自治体が被災してしまうと、緊急時のオペレーションにきわめて深刻な影響が生じる。さらに重要なのは、復旧・復興期において、社会を立て直す際にも、このことが大きく関わってくることだ。災害後の復興計画も事業もやはりすべて自治体が担うしかないが、自治体が回復しないままに進むと、大手コンサルが描く形式だけのものになりかねない。そして実際にそうなっている嫌いがありそうだ。

すでに見たように、地方自治体そのものが強いダメージを受けた事例がある。さらに、平成の市町村合併で自治体消滅が災害前に起こっていたところがあり、職員数も大幅に減り、このことが復興においても大きなマイナスの作用を及ぼしている。自治体のダメージの大きな箇所では今後、さらに新たな合併の話も出てくるかもしれない。しかしそれはもはや、社会的死を意味するものになりそうだ。

†広域システム災害における社会再生の困難

以上のように、物理的・心理的・社会的の三つの被害を考えるなら、その回復にも、物理的回復・心理的回復・社会的回復の三つの側面があることになる。ところでしばしば、災害後の回復については、物理的回復のみが、それも生活社会基盤（防災設備とインフラ）

の回復のみが考えられてきた。被災市町村でつくる災害復興計画は、今回においても、ハード整備計画に終始してしまっている。そして政治もまた、そのために必要な予算の確保を最優先にして動いてきた。

しかしながら、物理的回復について考えても、人的被害に関しては亡くなった人口分は何らかのかたちで埋めねばならず、人口回復には当然ながら家族の回復、生業や暮らしの回復が不可欠であるから、そこには必然的に人的社会的側面が強く関わってくることになる。「旧に復す」という意味での復旧にはまた、経済の回復・公共の回復もなければならない。社会的被害を受けた被災地域ではこうして社会的回復が十分なかたちで果たされていく必要があるが、今回の震災ではここにどうも大きな困難が立ちはだかっているようだ。

というのも、これまでの災害復興においては、たとえ社会的被害が生じたにしても、それは当該地域社会のごく一部だった。社会は生命によく似ている。一部が損傷を受けても、大半が残っていればそこから複製が始まり、損壊した箇所はやがて回復する。しかし、あまりに損傷が激しいと、運良く残った部分さえ死滅しかねない。この震災では、後者の道をたどりかねない大きな被害が観察される箇所が複数見られるようだ。

だが問題はさらに次の点にある。

これまでの災害復興では、たとえ家々の受けたダメージが大きかったにしても、その回復に政策や制度の介入は必要なく、家の復興はそれぞれに委ねられていた。そして実際に、災害で空いた穴は、基本的に誰かが来て埋めていったのであり、多くは放っておいても再建された。家々が再建されることで、自然と経済は再建され、経済が再建されることで、地方自治体も再建された。ある意味で、全体の入れ物さえ確保していれば、中身は自然に回復していたのである。むろん、たとえ中身が入れ替わったにしてもだ。これに対し、いまや、状況は大きく変わってしまっている。

この震災で見えてきたことは、この二一世紀社会においてはどうも、大きなシステムが成り立たないと家も成り立たないし、個の生活も成り立たないということのようだ。地方公共団体がサービスを行い、地域経済が雇用を約束してくれることで、初めて各々の生活は確立される。こうした広域システムが崩壊した時、生活再建の条件は当然ながら、システムの回復を待つことになる。しかしながら、システムを立て直すといっても、システムそのものもまた、そこに人々の生活があったからこそ成り立っていたわけだ。すべてが失われた場所で、その地域を支えていたシステムと家々の暮らしを同時に再生しなければならないという非常に難しい課題を、被災地は背負っていることになる。

かつては小さな単位が回復されれば、自然と大きな単位も回復した。逆にいえば小さな単位が回復しなければ、大きな単位は成り立たなかった。小さな単位こそが社会を成り立たせている根元にあった。これに対して、広域システム社会では、より大きな単位の方が、より小さな単位よりも、生活にとって必要とされている。小さな単位は、大きな単位とのつながりが切れれば死滅する。しかし、システムは、小規模の単位が一つや二つなくなっても消滅することはない。むしろシステム全体のために、非効率的な単位は再編統合して、合理化するのも選択肢の一つだ。

現在、いくつかの被災自治体で生じそうな危機とはこれだ。むろんまだそうしたことは顕在化してはいない。とくに岩手県の被災地に関しては、ここでいう中単位としての各自治体の独立性、統一性が大きいので、それを超えた統合は現実的にも難しい。とりあえずすべての地域の復興が掲げられてはきた。とはいえ、地域社会の主体性の回復は容易ではなく、社会的被害からの再生をきちんと射程に入れた支援や施策のあり方を考えることが、早急に求められている。逆にいえば、そうした対応がとられなければ、遅かれ早かれ、復旧事業の終了とともに地域社会は息切れしてしまうだろう。

だがさらに問題と思われるのは、こうした岩手県の事情に対し、宮城県に足を伸ばすと、状況がさらに複雑に見えることである。岩手県境から順に南下していくと、気仙沼市、南三陸町の被災地がつづく。これらは同じ三陸沿岸のつづきとはいえ、岩手県内とは違って平成の合併を大きく進めていた地域だ。また半島がいくつもせり出していて、地形も複雑になる。さらに南下すると石巻市に入り、石巻市以南になると今度は平野部が広がって、景観的にも全く様相が変わってくる。前述のように、岩手県の人的被害よりも宮城県のそれの方が大きい。宮城県の場合、こうした都市平野部での災害が、三陸リアス式海岸の被災地の状況と大きく異なるものであることを理解する必要がある。ここにはどうも別の災害を考えておく必要があるようだ。次に宮城県の被災地についてざっと一瞥《いちべつ》してみよう。

5　仙台平野の都市津波災害

†東北の中の仙台平野

宮城県の被災地の状況は、仙台平野に襲いかかる津波の様子がテレビでも繰り返し流れたから、多くの人がそれなりの印象をもっているだろう。また石巻市にしても、気仙沼市にしても、南三陸町についても、岩手県の被災地に比べて報道は多かった。さらにいえば、東北の中でも唯一の政令指定都市・仙台市は多くの人が訪れる町だから、被災地の情景は多少とも思い浮かべることができるだろう。

宮城県の中でも、仙台平野で生じた津波災害の特殊事情を理解するためには、東北地方太平洋沿岸の地形の特徴を理解するのがもっとも早道だ。

岩手・宮城・福島の関係をとらえる時、山地と川、そして平野の配置が重要である。南側から考えていこう。北関東から東北地方（陸奥国《むつのくに》）に入る関所は二つあった。一つは内陸部を通る白河の関、もう一つが太平洋側の勿来《なこそ》の関《せき》である。このうち後者の太平洋側ルートは、いわき市周辺の平野部から、いま福島第一原発事故で避難を余儀なくされている双葉郡・相馬《そうま》郡を経て仙台平野へと北上することになるが、相馬市・南相馬市までの間の双葉郡は、一部を除いて険しい地形がつづき、平地が少ない。そのため常磐《じょうばん》炭鉱が終わると開発から取り残され、切り札として原子力発電所が持ち込まれた経緯がある。これらの太平洋岸に並ぶ地域に対し、阿武隈《あぶくま》高地を越えて西へ行くと内陸部にひらけた平地が広がる。白河《しらかわ》市から須賀川《すかがわ》市、そして郡山《こおりやま》市、二本松市、福島市へと北上する中通り地域は、阿武隈川の流域だ。この阿武隈川が宮城県へと注ぎ、角田《かくだ》市そして亘理町《わたりちょう》を通って、仙台平野の南端で仙台湾に注ぐ。

この阿武隈川河口から北に、岩沼市、名取市、仙台市、多賀城市が連なる平野が広がっている。そしてこの平野の南端に石巻市があり、ここにある（旧）北上川の河口から、さらに北側には別の地形が現れることになる。

北上川を遡っていくと、一関市、平泉町、奥州市、北上市、花巻市、盛岡市という岩手県の中心軸が並んでおり、再び先進地は内陸になる。そしてこの内陸部に対して、太平洋側は北上高地によって往来を強く阻まれ、やはり開発が遅れた。しかもリアス式の入り組んだ地形の沿岸に、山や海に開かれた人々の生活が営まれており、そこで生じた今回の津波被害の状況はすでに一通り見てきたところである。

こうして、岩手県から福島県に至る、太平洋側の地域社会の連なりの中で、仙台平野は、北上川と阿武隈川にはさまれた、唯一海側に開かれた平野部であった。この平野部を利用して、江戸時代以降、都市が築かれ、物資の運搬が行われ、経済が発展してきた。とくに明治以降は、市場経済の発展の中で東北の中心的な人口集中地帯へと変貌を遂げていく。その東北の中心の沿岸部で生じた津波災害は、当然ながら、岩手県や南三陸沿岸のそれとは異なる特徴をもつことになる。

†都市郊外の津波災害

その被災地をいくつか訪ねてみよう。

亘理郡山元町・亘理町は海岸に古くから開けた地だ。筆者は二〇一一年五月に、ここからずっと北上するかたちで視察を行ったので、そのルートで紹介したい。

亘理町では旧市街地は山側にあって津波被害は免れた。被害は海側にある荒浜地区に集中しているが、ここでは波が来たのは二階まで。海岸そばにある学校に逃げ込むことで多くの人は助かっている。ここだけ見ても凄惨な風景だが、岩手の津波とは事情が違うようだ。比較的低い波が平野部に広く入り込んでいる。

山元町・亘理町はイチゴの産地で有名だが、実は仙台市への通勤圏でもある。被災した住宅街はそのベッドタウンでもあった。石巻市以北の三陸沿岸との大きな違いの一つが、平野部ゆえの人々の日常的な広域移動性である。そうしたアクセスの良さもあってだろう。震災当初は見物人が詰めかけて、被災地域への立ち入り制限を行ったところでもあった。

亘理町から阿武隈川を渡ると岩沼市である。

仙台平野の沿岸部に特徴的なのが、長い海岸線と美しい松林、そしてそのそばを南北に貫く貞山堀《ていざんぼり》である。貞山堀は、伊達藩創設の時から進められた、北上川と阿武隈川をつなぐ人口運河であり、江戸時代の平地開発の象徴でもあった。この貞山堀沿いに集落や町も形成されている。筆者も、貞山堀に並行した道路で仙台平野を突っ切り、仙台空港、名取市閖上《ゆりあげ》や仙台市若林区荒浜などの被災地を通りながら北に向かった。いまは見分けがつかなくなっているが、震災後しばらくは、南北を貫く仙台東部道路がちょうど堤防の役目を果たし、道路の東側まで延々と水をかぶっていた様子が見て取れた。仙台平野を北上すると、七北田川河口を越えて北側に仙台港が展開する。ここから七ヶ浜町《しちがはままち》をはさんで、貞山堀は塩釜港までつながっていく。

観光地でもある塩竈市《しおがま》、松島町は津波被害が他に比べて小さかったところであり、二〇一一年五月中にはすでに観光は再開し、お客さんも来ていた。それでも海岸を走る国道四五号線沿いの家々はことごとく一階部分が浸水しており、決して無傷ではない。

だが奥松島へと向かう奥松島パークラインで海岸線を行くと、途中、鳴瀬川へと抜ける東名運河沿いで一変した風景に出会うことになる。東松島市野蒜《のびる》の町である。野蒜は貞山堀に連なる東名運河を真ん中に、景観からして誰もが住みたくなるような町の一つだった。野蒜の被害状況を見ると、岩手の三陸沿岸とは被災状況が全く異なることは明らかだ。町は壊滅的だが小さな町ながら大量の死者を出している。ここには都市郊外の問題が現れているようだ。そしてそれはどうも、亘理町から石巻市にかけての貞山堀沿いの沿岸地帯に共通のものといってよい特徴のようである。

というのはこういうことだ。いま述べたように仙台平野の沿岸一帯には、多くが近世以降に開発された、舟運との関係の深い町々があり、さらに近世から明治期の町を戦後になって拡大開発した比較的新しい郊外型の住宅地がひしめいていた。海岸に近く、松林が並び、風光明媚で仙台などの都市にも近い。そこに展開された住宅街では、津波そのものは岩手の沿岸ほど高くはないものの、平地のため奥まで波が入り、しかも背後に逃げる高台もなく、多くの人が亡くなってしまった。

野蒜の場合はとくに、町が海岸線から五〇〇メートル以上離れているためか、避難が十分に進まなかったようだ。住宅街のすぐ裏手にある小学校はやや高台にあって、浸水も一階までだったから、この裏の山手にさえ逃げていれば命は助かったわけだ。逆にいえば、より北の津波常襲地帯では常識といえるような避難さえ実現していなかったことになる。

こうして都市郊外型の被災地は、物理的衝撃は三陸の被災地に比べれば小さいものの、災害文化の蓄積がとぼしく、避難行動にもそれが反映されてしまい、人的被害が大きくなってしまったと考えられる。一一〇〇年前の貞観《じょうがん》地震の津波はこのあたりにも来ていたはずだが、その時はこんなに人は住んでいない。先に確認した宮城県各町村の死者・行方不明者数の多さは、岩手県のそれとは性格の違うもののようだ。どうも都市性・郊外性に結びつけて考えるのが適切なようである。

津波の規模に対し、地形的にも逃げられない場所に住宅地が密集していたこと。その場所は歴史も浅く、災害史を十分にふまえてはいないこと。そして何よりその都市性ゆえに避難していなかったり、あるいは逃げ方を失敗したりした例があり、生き残った人々にも悔いが残ることになる。避難をめぐる状況は、そのあり方によっては被災地の人的被害を拡大し、また人々の心理的、社会的被害を増大させることにもなる。

もっとも、仙台平野の被災地の経済は、東北の中心都市・仙台市の経済に直結しているから、地域経済の社会的ダメージという点では有利な面ももっている。仕事までも一緒に失ったわけではないからである。しかしまたグローバル経済にも深く巻き込まれているので、被災した業者たちは、この災害でいったん競争からおいて行かれると追いつけなくなるという怖さも存在する。このこと一つ考えても、社会的被害はケース・バイ・ケース、それぞれに様々な形態がありうるわけだ。

†東北の中心と周辺

野蒜を経て鳴瀬川をわたり、一面に津波のあとが広がる東松島市の市街地をすぎれば石巻市に入る。ここが今回、市町村別でもっとも死者数が多かったところだ。そして海岸に平地が連なるのもここまでで、この北には三陸リアス式海岸につながる複雑な地形が現れてくる。石巻市については第5章で取り上げよう。

さてこうして、岩手県から宮城県の被災地を通して見ると、物理的衝撃も多様であり、それによる被害もまた一様ではない。さらには東北の中にも中心と周辺があり、各県ごとの事情にも大きな差がある。岩手では内陸と沿岸に意識差があり、また宮城では仙台を中心に南の平野部と、北の沿岸部ではやはり状況の違いが大きかった。そしてこれらのことが震災後も、被災地とそうでない地域との間での、あるいはさらに被災地域内での認識の差を生んでいる。

むろんこうした被災地のどこにでも、本章冒頭の弘前と野田のような関係は可能だし、実際に被災地への支援拠点として、遠野《とおの》市や北上市などが今回の震災でも活躍してきた。こうした自治体単位の主体的な動きは、それぞれに小さいながらも目にはつく。

だが例えば、弘前市のような動きがありながらも、青森県が一体にはなれないように、岩手県も宮城県も決して一体にはなれない。加えて被災地の中には、その主体性をも失いかねないほどに強い社会的ダメージを受けたところもある。その回復が十分でないまま、ここでむやみに「東北の主体性をつくるべき」などといっても、机上の空論でしかないのは明らかだ。

こうして津波被災地の事情がそれぞれに異なる上に、もう一つの別の災害がある。福島第一原発事故である。先に示したように、そこではさらに広域システムの問題が明らかであり、この事故によって東北をめぐる事情はよりいっそう複雑化している。

福島第一原発事故をめぐる問題の特殊性については、章をあらためて論じることとして、次章では、この原発事故をめぐる問題を扱いやすくするためにも、東北とはいったい何なのか、それはどういう場なのかについて考えてみることにしたい。

この東日本大震災の生じた場、東北という場所とその歴史性を、東日本大震災という事態をふまえていま一度確かめ直してみよう。そしてその中で我々は、震災をめぐって顕在化してきたこの状況がいつ、どのように始まったものなのかを十分に見定める必要がありそうだ。広域システムはいつ、どのように形成されてきたのか。そもそも広域システムとは何なのかを、さらに深く問うておく必要がある。それは、主体探しの東北論でもあるかもしれない。

第 3 章

東北という場

1　何かにとっての東北、何かとしての東北

†東北という名称——陸奥国と出羽国

「東北地方」といった時、どんなイメージをおもちだろうか。

東北在住の方々には大変申し訳ないが、「貧しい」とか「遅れた」地域だというイメージをもっている人が多いというのが正直なところだろう。その人間も「おとなしい」と考えられており、震災後も、被災地域の東北人のもつ、けなげさ、寡黙さが頻繁にメディアでは取り上げられてきた。

もっとも東北は一枚岩ではない。例えば、しばしば海側には陽気でやや粗暴でまた社交性がある人々も見られ、「貧しい」「遅れた」とか、あるいは「おとなしい」というステレオタイプ化されたイメージからはかけ離れている。

とはいえ日本全体の中で見た時、確かに東北は、全体として何かが「遅れ」、何かが「とぼしい」のも事実のようだ。だがそもそも、しばしばひとくくりにされる「東北」と

か、「東北社会」とはいったい何だろうか。まずはじめに確認すべきは、「東北」は、自己で自己を指すという意味での自己指示名称ではないという点である。

東北は方位である。すでに名称からして周辺性を帯びている。何かにとっての東北である。河西英通によれば、東北の名は明治になってから、いわば日本の近代化の中で定着したものである（『東北――つくられた異境』）。近代日本国家が形成され、そのある部分に、「東北」の名称が割り当てられた。日本という近代国家の中に東北は現れてきたのであり、その中心は当然、新しい都、東京である。

それ以前、明治維新前の江戸時代は幕藩体制をとっており、江戸幕府を中心に、各藩が主体となった連合国家の体をなしていた。いまの東北六県には次のような藩があった。

弘前藩、盛岡藩、仙台藩、会津藩、中村藩、磐城平藩、泉藩、湯長谷藩、守山藩、棚《たな》倉《ぐら》藩、桑折《こおり》藩、白河藩、福島藩、二本松藩、三春藩、角館《かくのだて》藩、久保田藩、本庄藩、亀田藩、矢島藩、山形藩、庄内藩、米沢藩、新庄藩、天童藩、上山藩

いまの山形県、福島県には譜代が多く、入れ替わりが激しいが、仙台藩以北には、外様の雄藩が並ぶ。これだけの藩がひしめいており、決して一つのまとまりではない。戊辰の役では「奥羽列藩同盟」が目指されたが、これも一つにはならなかった。

とはいえ、いま「奥羽」の語も出たように、これらはまた少なくとも二つの名前にまと

められてもいた。陸奥国、出羽国である。このうち、出羽は「出端《いでは》」の意とされ、八世紀初頭に陸奥国から分かれて設置された。陸奥《むつ》はもとは「みちのく」、すなわち道の奥と解されていてこれも位置を示すものである。すなわち福島にある勿来《なこそ》の関、白河の関を越えた道の向こうに陸奥はある。陸奥国の設置は七世紀中頃とされる。

このように東北も、それ以前の陸奥も出羽も、この地を表す総称ではあるが、古代まで遡っても、やはり他者から見た名称である。

†蝦夷と日高見国

陸奥国が設置される以前から用いられている語に、「蝦夷（エミシ）」がある。

蝦夷は、必ずしも地名ではなく、人や集団に用いられる。例えば高橋富雄氏（『古代蝦夷を考える』）は、エミシはもとは「毛人」と書き、「異人（ケヒト）」の意としている。そして、ケヒトが大和政権に合流し、「あずまの勇者」として「ユミシ（弓人）」となり、エミシに転訛したと説く。また「蝦夷」はもとはエミシと区別した「エビス」であり、もとは蔑称だったが、のちにエミシと混用されたとする。

高橋氏の解釈が正しいかどうかは別として、当時の東北地方に在住していた人々にあてられていたエビス・エミシの語に「蝦夷」の漢語があてられ、これが中華思想を日本に導入した際に持ち込まれた「東夷」の日本版を構成し、蔑称としての意味合いをもっていたのは確実であり、これもまた自己指示名称とはいいがたい。

高橋氏はさらに、喜《き》田《た》貞吉《さだきち》氏の議論を発端にして、東北を指すもう一つの名称「日高見《ひたかみの》国《くに》」にも考察を進めている。日本書記・景行紀に出てくる「日高見国」だが、これも、高橋氏によれば、ヒダはヒナ（鄙）であり、鄙のほとりの国という意味でやはり辺境を指すという。そして同様の名称が日本各地にあり、飛騨も、信濃も、日立も、信太も、みなヒナ・ヒダの意味であるとする。つまりは、都からの辺境が次々と、新たなヒナとして設定されて、順に統制されていったと説くのである。

その最終地点が、現在の岩手県中央部であり、北上川はヒダカミ川である。ただしこのヒが高橋氏のようにヒナのヒではなく、文字通り日の意であり、日の昇るところを示すなら、真偽はともあれ、青森県に残る「日本中央の碑」や、蝦夷の子孫を自称する安東氏が日之本将軍を名乗ったことと考えあわせて、日高見国だけは蔑称でなく、自己表現として考えることもできると期待したくなる。

ともかく、東北を指す総称はつねに中心からのものでしかなかった。ただ、民族呼称は必ずしも自己表現であるわけではなく、民族の形成は国家の形成とも関係するから、国家形成期に国家をつくらずにいれば、それ以前には独立していた文化集団も他の「民族」文化に吸収されてしまうことは十分にありうる。もともと日本の名称さえも中国に対する名称であって、魏志倭人伝の倭《ワ》の国も、文字的には明らかに中華側からの蔑称なのであった。国家形成を意識して初めて、大和であり、日本であると主張でき、またその主張を通じて、民族が細かな差異を超えて一つになり、主体化するのである。

東北にいた、蝦夷と呼ばれた人々は、自己国家の形成に至る前に、勢力のある和人の集団に組み込まれてしまったのである。だが、それを大和への単純な服従・従属と見るのかについては異論があるだろう。たとえ一本化された東北史はないにしても、東北には東北の歴史の地層が綿々とあるからである。

†縄文文化と東北の核

有史時代以前に遡れば東北にはかつて縄文文化が存在し、そこにはいまとは全く別の〈中心―周辺〉関係があったことが近年の研究で確認されている。当時は圧倒的に東高西低の文化であって、とくに亀ヶ岡文化（縄文晩期　約三〇〇〇年前から二三〇〇年前）については、その中心は本州北端に位置し、そこから西日本まで影響が及んでいたとされる。大和政権が現れる前には、日本列島の社会文化の中心は東北にあったとする見方は広く受け入れられつつある。

その優位性が崩れていくのは、縄文海進と呼ばれる温暖な気候の時期から冷涼な気候への転換が始まることによる。列島の環境激変の中で縄文人たちは生きる術を模索し、紀元前三世紀にいたり稲作農耕がもたらされることによって、文化の大変動が始まっていく。

稲作の伝播は西日本経由と考えられているが、東北地方でも受容のスピードは早く、すぐに本州の北限（青森県の砂沢遺跡など）にまで達している。重要なのは、ここでつくられていた弥生文化は半ば縄文であり、土器も縄文を伴っていることである。縄文人が文化を受容しながら、弥生人へと切りかわっていく。しかしそれでも東北の地では完全に弥生文化になることはなかった。多賀城以北では、稲作と強く結びついた古墳文化も十分経験することなく、大和国家と向き合うことになる。

†抵抗の歴史を経て――日本社会への組み込みへ

「北海道の蝦夷は稲作に移行せずにアイヌに、北関東の蝦夷は水田に移行して和人に、そして七世紀の段階では、そのどちらでもない状態で古代蝦夷が東北の地にいた」という工藤雅樹氏の見解がある（『古代蝦夷』吉川弘文館）。以上のことは、これとあわせて考えるなら、次のように展開できるだろう。

東北の地、それも古墳文化を経験していない、多賀城以北の地に暮らす蝦夷たちは、稲作技術の未成熟の中でそれを完全に受容するには至らず、かといって、北上してくる和人たちに強く抵抗するわけでもなく、手に入るものは獲得しながら、自由に（主体的に）自分たちのバランスで暮らしていた。また和人は和人で、彼らを軍事的に押さえ込むことのメリットはないまま、またヨーロッパのような征服と奴隷化の慣習もない中で、互いに見合ったままの時期が過ぎたのだろう。

しかしながら、それでも人々の間の衝突はおきる。様々な小競り合いを経て、ある種の文化衝突のようなかたちで、七八〇年（宝亀一一）伊治公呰麻呂《イジノキミアザマロ》の乱が生じ、そこから阿《ア》弖流為《テルイ》、母礼《モレ》らによる反乱の時期を差し挟むこととなる。この反乱は、征夷大将軍・坂上田村麻呂によって制圧されるが、火種はその後も長い間くすぶりつづけた。一〇五一年（永承六）には前九年の役で、蝦夷の末裔を名乗る安部頼時が衣川に拠点を構え、和人社会に対峙することになる。さらに一〇八三年（永保三）、これも蝦夷系である清原氏の内紛から後三年の役が生じる。これらを、征夷大将軍としての源頼義・義家が制圧し、これをきっかけに関東平野に源氏の基盤が生まれ、のちの武家政権成立の足がかりとなった。

最終的に蝦夷社会が和人社会に組み込まれるのは、安部氏の系譜をついだ奥州藤原氏が平泉に栄華を誇ったあと、鎌倉幕府を開く源頼朝がこれを滅亡させたことによる。一一八九年（文治五）の藤原氏滅亡こそが、数百年にわたってつづいた蝦夷社会の和人社会組み込みの画期だった。もっともすでに、この時までに藤原氏自身が東北の地に生きる人々を和人化しており、ここでも文化の主体的受容が広く観察される。

†多様な主体と征夷大将軍

ここまでの東北の古代史の中から、重要な点を二つ拾っておきたい。

まず第一に、東北の蝦夷は決して一つの集団ではないことである。むしろしばしば蝦夷間の裏切りが、蝦夷側の敗北につながっている。これは蝦夷が利己的であることを意味するのではなく、彼ら自身が決して一体ではなく、個別の集団であり、主体であったということを示している。

そして第二に、おそらくこのことと関係するが、「征夷大将軍」の問題がある。坂上田村麻呂や源頼義・義家は、単なる軍事を司る将軍であり、朝廷に従う家臣である。これに対し、同じ征夷大将軍なるものが、源頼朝の場合には絶対的権力を握る存在となる。この方式はその後の足利氏にも踏襲され、徳川氏で完成された。

この征夷大将軍に含まれる「夷」の意味もまた、十分に考えられねばならない。蝦夷は国家を揺るがすものであり、その制圧は国家的大事であった。そしてこうした国家的軍事行動に関わる指揮権が、独立政権としての「柳営」(将軍の陣としての幕府)につながり、大和朝廷からの分離を果たすことで、武家による支配体制が確立された。我が国の五〇〇年以上にわたる武家支配の歴史の背景には、蝦夷の存在・記憶が大きく作用していることになる。さらにいえば、我が国の柳営（幕府）は、鎌倉幕府に先立って奥州藤原氏こそが実現していたものかもしれず、筆者には平泉の政庁ともいわれる柳之御所がなぜ「柳」なのかが気になるところである。

ともあれ大和国家成立以降、東日本の制圧は、国家維持にとって実質的にも論理的にも重大事項でありつづけた。このことが征夷大将軍という、朝廷や天皇からの独立を可能にする軍事を媒介にした権力機構の確立と強く深くつながっていた。中世から近世にかけての日本の歴史のおもて面が幕府という戦争状態の平和利用であったとすると、そのうら面には和人社会に対して蝦夷社会が少なくとも千年近くにもわたって独立し、存在しつづけていたという歴史的事実が存在する。言い換えれば、日本の国家史にはつねに、おもての中央政治史に対する、うらの周辺東北史があったことになる。

†東北の主体性

こうして、東北地方はつねに辺境にあって、中央日本を揺るがす火種を有していた。そしてそれは、実際に鎌倉期以降も何度となく歴史の中に現れる構図であった。鎌倉幕府滅亡のきっかけとなったのは、蝦夷の子孫を名乗る安東氏の内乱であったし、南北朝期には、東北は南朝側の拠点となった。戦国期にも、やはり東北でいくつもの波乱があり、とくに末期に生じた豊臣氏に対する九戸氏の乱は有名だが、何より江戸期にもつづいた伊達氏の存在がある。この東北の地で、幕府転覆の機会を虎視眈々と狙いつづけた。ここにもまた東北という場が用意する主体性の豊かな土壌を読み取ることができる。

そして幕末においても、東北の主体性が現れる。やや矛盾した言い方になるかもしれないが、東北に拠点を置いた徳川勢力、中でも会津藩による官軍への抵抗は、東北の地が、この時にもまだ中心的な勢力に対する大きな抵抗拠点になりうることを示していた。

このように東北は決して一体ではないが、そこには数々の主体性がある。それは歴史の要所要所で立ち現れ、自らの自己中心性を必要に応じてアピールしてきた。そして、この周辺の場の主体的なエネルギーの湧出をまた、中心にいるもの自身も様々なかたちで利用しつづけてきたといってよい。

しかし近代に入って、この地が「東北」となっていくにしたがい、それまでの各地域社会や各小国のもっていた主体性やエネルギーは削がれていく。東北開発が本当の意味で実現していくのは昭和以降を待たねばならないが、すでにそこまでには東北の、日本の中での位置づけは決まっていた。その位置づけの不幸は、しかしまた、地勢的・歴史的に構造づけられてもいる。明治以降、近代化の中の東北について次に確認しよう。

2　東北の近代化

†近代前史としての江戸時代

ここでは、次の二点を東北の近代化を理解する手がかりとしたい。

一つは、近代前史としての江戸時代における東北の位置づけ。そしてもう一つは西欧近代化に対する日本の近代化の特徴である。

まずは前者から。江戸時代の東北については次の二つに注目しておきたい。

第一に、稲作国家としての日本社会である。稲作の導入は弥生時代の大きな特徴だが、それが完成するのは江戸時代である。

稲は本来、南方系の植物であり、冷涼な気候の土地のものではない。それを東北の地でなかば強引に進めたことによる弊害は、多くの論者が指摘するところだ。米はきわめて効率的な作物である。一粒を管理することで、半年後にはそれが数百粒にもなる。しかし冷涼な気候下ではリスクが高く、東北の稲作は、つねに凶作の危険と裏腹だった。

度重なる凶作の歴史が、東北、とくに北東北の近世史には刻まれている。しかも単に凶作イコール減収が飢渇を生んでいたわけではない点にも注意が必要である。江戸期において米は貨幣と同じ意味合いをもっていたから、凶作でも米は江戸に持っていかれた。そのために何万人も死んだり、村から逃散したりした。ある意味で人災でもあったわけだ。

第二に、一点目にも絡んで、東北が日本社会の中で課せられてきた役割についてである。江戸時代は人口安定社会で、約三〇〇〇万人で一定していたと考えられている。戦国期から江戸初期にかけて大きく人口が伸び、長らく安定したのち、江戸末期から再び人口が増え、これが現在までつづいた人口増の端緒とされる。この中で、いずれも広大な土地を有する東北では、人口を支える食糧増産地として、たえず開発が行われてきた。

いや食糧に限らない。東北は、様々な原料供給地としても位置づけられてきた。木材（用材、燃料）、鉱石、魚介類（食材、肥料）。これらの生産はすべて、自家消費のためではなく、江戸や西日本に持っていって使うためのものであった。

東北は決して貧しくはない。いろいろなものがとれる、非常に豊かな土地だ。しかしその生産は、この国の経済や政治体制そのものに密接に結びついて展開されてきた。そして同じ状況が、明治維新以降の近代化の過程にも引きつがれていく。

†西欧発の近代化

　ところで、そもそも近代化とは何だろうか。

「近代」“modern”という語には中身がなく、その原義をたどるなら、ラテン語の“modo”は「たったいま」、近代化“modernization”とは、「いまになること」である。そして、いまになることはいつの時代にもあるから、一定の時代のみを取り出してこれを「近代」とするのは、あまり強い意味をもたないように思われる。

　だが、「いまになること」が我々にとって重要なのは、この数百年の変化がきわめて激しく、かつそれが社会のあらゆる局面に関わるからでもある。近代はきわめて変化の激しい時代だ。いまとは違う「別の何か」につねに変化する。この過程を我々は近代化と呼ぶ。では、その「別の何か」とは何か。近代化論の古典をひもとけば、まずそれは「産業化」である。日本でも高度経済成長期までは、近代化イコール産業化と考えるだけで十分だった。

　これに対し、戦後に形成された社会システム理論は、近代化イコール産業化という短絡的な枠組みを修正し、これをシステム全体にわたる変動として読み解くことを提案する。富永健一氏のまとめに従えば、近代化は四つの側面をもつ（『日本の近代化と社会変動』）。

近代化の経済的側面が産業化である。政治の面では民主化として、社会の面では自由平等の浸透として表現される。さらに文化の面では、科学や合理主義が非合理な宗教的思考法から取って代わることがあげられる。むろんこうした整理はいまでは一面的にすぎ、近代・近代化については、さらに議論は複雑に展開され、いまやポストモダン（脱近代）を超えて、ハイパーモダン（アンソニー・ギデンズ）や後期近代（ジグムント・バウマン）とまでいわれている。

とはいえ、その中で間違いなく確かなことが一つある。それは、近代化はヨーロッパで始まったものだということだ。一五世紀あたりから西ヨーロッパ社会に生じた大きな社会変動が、その後の全世界に大きな影響を及ぼした。産業革命も、市民革命も、科学革命もみな西欧で最初に生じたものである。

日本の場合、近代という時代は、明治以降にあてられている。そして日本の近代化は、こうした西欧のもたらしたものの受容に始まる。黒船の来港から、外圧によって鎖国を解いて開国したことが日本の近代の起点とされる。すでにこの時までに西欧諸国は近代化を大きく進めており、その一環で西欧は日本に近づいてきた。そして、進んだヨーロッパやアメリカに、追いつき追いこすべく、日本の近代化がスタートする。

†内からの近代化、外からの近代化

日本の近代化の特徴として、まずはこうした外発性をあげることができよう。そしてしばしば、このことは日本の近代化の大きな欠陥だともされてきた。

しかしながら、では西欧近代化の内発性・自発性とは何かと問われた時、社会学による研究分析は、西欧の先進性を示すものよりも、日本社会との文化的な違いを強調するものが多いようだ。

まずはマックス・ウェーバーによる歴史社会学が、近代資本主義の誕生が宗教改革を起因としている点を見抜いている。宗教改革の中で現れた絶対神に対する強烈なプロテスタンティズムの倫理が、資本主義の精神を生んだ。そしてこうした精神形成がやがてその宗教性を欠くに至って、そこで初めて純粋な合理主義が生まれる。資本主義も合理主義もともとはキリスト教が生んだものである。

近代科学の誕生についても、キリスト教的世界観が強く関係するという議論がある。ジョージ・H・ミードはいう。神がこの世界をつくった、だから世界は合理的にできているはずだ、この神の手を解明する手段として科学は始まった。

そしてそれは政治についても同様である。自由も民主主義もやはり、一神教との関係抜きには考えられない。近代の統治体制の誕生にもキリスト教が深く関わっているとミシェル・フーコーはいう。

こうして西欧の近代化はつねに、キリスト教との関係で、中でもプロテスタントとの関わりのうちに説明される。ここで何より重要なことは、個人をめぐる問題である。プロテスタントの教義では、個人が直接神と対峙する。個の確立がこの信仰の重要な契機となっている。個の意志はむろん、神の意志から生じるものだ。神は唯一であり、またその意志は合理的だ。その内面化が個の自立につながる。すなわち西欧近代化の根幹にはつねに個人の意志があり、しかもそれが合理的であることを要請されているが、そこには一神教が深く関わっているのである。資本主義の精神も、また自由や平等、権利や責任も、すべて個人から始まるものであり、かつそれは合理的だ。これらは内在的なもの、人々の内にある神なるものの変形である。内なるものが社会を変えていく。これが西欧近代化の原動力であった。

これに対し日本の近代化は、当然ながら、宗教改革を経るどころか、キリスト教そのものを組み込んでいない。それゆえその近代化は、「内から」ではなく、「外から」の近代化でしかありえないことになる。幕末に列強が押し寄せ、やむにやまれぬ開国をし、殖産興業を進め、富国強兵を進めた。それは人々の意志をふまえた「下から」の近代化ではない。

政府主導の「上から」の近代化である。教育も、法も、権利も責任も、天皇制と関係し、上から示された。ここには、市民の自立、自己の確立、市民革命や、近代科学の成立などはなく、すべてが輸入であり、作り物の近代化だともされてきた。だがむろん、こうして宗教面からの解釈を経てみると、この状況は決して日本人が劣っているから生じたものではないことも分かる。

†幕末から明治維新へ

そしてまた、こうした文化的違いに注意すれば、日本の近代化が必ずしもすべて「上から」進められたものとはいいがたいことにも気づく。社会変動は、上から命令されたから起きるというものではない。変動は、人々自身が何らかのかたちで主体的に作動しなければ生じない。作動の起点には、政府や天皇制があったとしても、同時に「下から」の人々の動員がなければ、日本の近代化はありえない。

明治期からの日本の近代化を考える時、江戸時代に始まるこの国の人々自身の変化の胎動を考えておくことが大切だ。明治期以降の日本の近代化は個人発ではないけれども、かといって決してすべてが外発的なものではなく、主体的で内発的なものを備えている。

最初にこの点を指摘したのが、ロバート・ベラーである。ベラーは、日本の近代化には、徳川時代の宗教観念が強く関わっているとした。ベラーは、ウェーバーの示す西欧近代化のプロテスタンティズムに対応する日本の宗教的価値観念といったロジックで議論を組みたてているので宗教や儒教的精神というタームを使うが、それらは要するに、日本社会の基層にある社会関係文化のことを指している。とくに滅私奉公のような観念が、日本独自の近代化の重要な精神的基礎になっていると考えた。

もっともこうした日本文化の基層を理解するにあたっては、社会構造そのものについての詳しい分析が必要になる。そしてすでにそうした議論は、戦時中までに日本の社会学者たちの間で、とくに村落研究を通じて詳しく論じられていた。そのもっとも代表的なものとして、有賀《あるが》喜《き》左《ざ》衛門《えもん》の議論をあげることができる。

ごく簡単にそのエッセンスのみを示そう。有賀によれば、日本の社会関係はつねに親子関係の論理で構成されている。家長は家の主であるとともに親である。自分の子のみならず、姉弟や使用人に対しても親として接する。そして家々の関係（本家分家）もまた擬似的な親子関係で結ばれている。こうした擬似的親子関係が日本の社会関係の基本にあり、主人と家来のみならず、会社の内や外、あるいは官公庁や自治体間関係、また何より天皇制や国家の内にも内在する一貫した論理となってきた。人々は家に所属し、家はより大きな家に所属し、会社や組織もまた家であり、国そのものもまた家であって、人々は様々な家が織りなす多重の入れ子の中にいる。

そして西欧と比較して重要なのは、ここではつねに人は、個人ではなく、誰かの親であり、子であるということである。日本社会においては、「個人」があるのではなく「関係」がある。そしてこの関係が日本社会の隅々にまで行き渡っていることで、日本人は全体社会に自らを賭して奉仕することができ、また逆に、その社会から御恩や庇護を期待することができた。関係が下から上まで緊密につなぎ合わされていることで個は社会に所属し、社会がある方向へ向けて動く時にも、所属する個の主体的動員が可能となる。

もっとも、この関係が一つの国家にまで組み上がるのは明治維新以降である。江戸時代には、それぞれの人間は藩に所属していた。藩にとって幕府は絶対ではあっても、庶民にとっては藩が重要であって幕府は遠い存在だ。幕臣を除けば個の所属は藩までであって、幕府に対してではない。でなければ明治維新は起きないわけだ。あれは諸藩と幕府との関係性の再編成であって、クーデターではない。

明治維新はそれ以前の社会構造を大きく変える大変革となった。それまでの藩を解体し、同じ論理で幕府も解体した。藩主は知事に代わり、幕府は政府に変わる。知事は政府から任命され、政府は選挙で選ばれ、国家は一つに、社会も一つになった。むろん、そうした大きな変革は簡単には成就しない。戊辰戦争、西南戦争を経て、また対外戦争を、日清日露と進めることによって、日本は次第に一つの国民国家になっていく。

その最終形態の一つが太平洋戦争の際の挙国一致体制であり、この時、日本人は軍事を通じて日本中を移動し、アジアを駆け巡り、これまでの小さな範囲を飛びこえて人々はシャッフルされて、混合された。ここで初めて、これまで重要だった中間の入れ子（家や地域共同体や集団）の意味が薄れ、国民はすべて天皇の子になり、「日本国民」が意識化されることになる。とはいえそこでもなお、家や共同体が強い枠組みで機能しつづけ、人々の意識や行動を決定づけていたことはいうまでもない。

†日本の近代化と広域システムの形成

こうして、下側から積み上がる多重多層の構造が江戸時代までにすでにあり、そしてその一国家への再編こそが明治期以降の上からの近代化の実現を支えてきたものだ、とまとめることができるだろう。

ここで気がつくのは、二一世紀までの日本と西欧の近代化が、一方が集団主義、他方が個人主義と、それぞれ全く異なる原理をもつものだということだ。これを一方（西欧）を内発的、他方（日本）を外発的と見るのは、現象をゆがめて解釈する危険性がある。むしろここで互いに共通の要素を取り出すならば、取り上げるべきは、産業化や民主化、科学主義や自由・平等などの内容ではなく、むしろ広域システム化とでもいうべき現象である。いや、より正確には広域システムはもともとからあるので――極端にいえば、例えば縄文時代でさえ、黒曜石は海を渡って何百キロも移動していたのだから広域システムはすでに存在したのである――ここで起きているのは、広域システムの合理化である。

日本の近代化過程は、このように表現してもよいだろう。

西欧キリスト教社会が人々を個人として把握し、個の意志を前提にその行動を方向づけ、人々の行動をまとめて一つのシステムにしていくものであるなら、日本社会は人々を関係として把握し、多層の関係性を前提にその行動を方向づけ、全体の合理化を進めるものであった。その下地は江戸期には確立されていたが、明治期に入って一つの国家が実現すると、国家の意思を形成しながら、広域システムの合理化の道をひたすら突き進んでいくことになる。しかもそこに西欧からの技術や知識が入り込むことで、いっそう急激に変化は進んだ。こうして、外からと内からの力が重なり合うことで、日本でも近代国家体制ができあがるが、その合理的な広域システムが結実した一つの形態として、太平洋戦争時の全体主義国家を確認することができる。そしてその海外進出のはてに、国土の大規模な焼失と、多くの国民の犠牲を経て敗戦を迎えた。

†近代化の中の東北

では東北はこのような日本の近代化の中で、どのような道をたどったといえるだろうか。その特徴をここでは二点にまとめておこう。

まず第一に東北は、産業化など近代化の最前線の場ではなく、そうした最前線を支える後方支援の場であった。東北は、江戸時代に引きつづき、日本を支える原料供給地帯でありつづけた。食糧、木材、鉱石その他、素材を生産し、供給する場が東北だった。

そして第二に、北の国境をにらむ国防と北海道開発の拠点でもあった。そのための資材のみならず、北海道、樺太、満州に向けては大量の人間も送り込んだ。東北は開発に必要な人間集団そのものを供給する場でもあった。

こうして対外的な防衛と、対内的な経済体制づくりの中で、東北は国家戦略の重要なかなめとして位置づけられていたが、いずれにしても前線ではなく後衛であったことにその大きな特徴がある。それゆえ東北では、この過程で新しいものを付け加えるというよりは、基礎にあるものの最大効率化を図ることに専念することとなった。

ところで、こうしたかたちで東北の近代化をとらえるならば、ここでその変化が日本社会の他の地域に比して相対的に遅れたことは、ある意味で当然というべきだろう。それでも明治・大正・昭和を経るに従って、鉄道が敷かれ、港湾や運河が整備され、道路や通信、電気や水道、医療や保健などの生活インフラも整えられて、東北の地でも近代化のメニューは整っていく。が、中でも大きな変革は、昭和初期に生じたものであった。

東北開発の歴史はむろん明治に始まるが、東北では何度もの凶作（明治三五年、三八年、大正二年）を経ながらも、大きな開発に結びつかなかった。しかし、昭和恐慌期に生じた昭和六年（一九三一）から数年つづく凶作は、昭和三陸大津波（昭和八年）とも重なり、これを機に窮乏対策として大規模な東北開発がスタートする。何よりこの開発は昭和六年に生じた満州事変とも連動し、戦時体制下の国家事業として本腰を入れたものとなった。この時期の開発の槌音は山村や半島にも響き、奥地まで道路が敷設され、また産業組合化を通じた殖産興業が展開する。開拓や干拓など農地の拡大も進み、周辺の中の周辺にまで近代開発の手は及ぶことになる。

こうして昭和初期の災害と対外的な圧力のもとで、国家が動員をかけるかたちで東北の近代開発は進んだ。東北の地も遅ればせながら急速に近代化を遂げていく。

だが、近代化のプロセスの中で、東北社会はまだまださらに変化していくこととなる。その変化は国外へと広がったシステムが、敗戦後、一国内に押し戻される中で、より高度な合理化として体現された。この合理化は敗戦後すぐに始まっており、そして平成期のいま、その完成を見るべきもののようである。しかもその変化は、戦前までのそれとは、何か大きくベクトルが違うもののようだ。戦後の変化を追っていこう。

3　戦後の社会変動――新たな〈中心―周辺〉の形成

†戦前から戦後へ――高度経済成長と東北

日本社会における東北の右のような位置づけは、戦後になってもつづく。とくに終戦直後は、海外からの引き揚げ者の受け入れ先となり、また食糧難・物資不足の中、引きつづき有力な原料供給地帯として位置づけられ、そのための開発は行われた。農地や山林の開発が進むが、他方で工業の再建はやはり主に関東以西で行われた。

戦後の日本社会の大変動は、戦後復興ののちに生じた一九五〇年代からの高度経済成長に始まる。東北はここでもやはり後発だった。日本の産業化の歴史の中に東北を位置づけるなら、次のように整理することができるだろう。

日本の経済発展はつねに西から始まってきた。太平洋戦争前の産業化もいわゆる四大工業地帯の形成として描かれるが、四大工業地帯とは一般に、京浜、中京、阪神、北九州を指す。戦後の復興は、この戦前までの四大工業地帯を再建するとともに、さらにこれらをつなげて一大工業地帯とするかたちで進められた。いわゆる太平洋ベルト地帯の形成である。そして、こうした軸となる広大な工業地帯の実現を見ながら、日本の産業化＝戦後の高度経済成長は急速に進展することとなった。

もっとも、太平洋ベルト地帯の外にも産業拠点を広げようとする動きも見られ、全国総合開発計画による新産業都市の指定（一九六二年）などでは、国土全体に目配りした均衡ある発展が目指されていた。東北でも開発は計画され、八戸市・秋田市・仙台港・いわき市がその指定を受けている。

いま振り返ると、このうち八戸、仙台、いわきを結ぶ海岸線がすべて東日本大震災の被災地となり、しかもこの三つの地点が、今回の被災地で数少ない工業集積地であったことになる。逆にいえば、東北沿岸にはこれ以上の工業集積はなく、しかもこれらの地域の開発でさえ、現在でも成功したものとは考えられていない。

結局、高度経済成長期まで、東北では工業化はごく限られた範囲でしか進まず、日本の近代化過程における首尾一貫した東北の周辺性を見て取ることは容易だ。

だがそれでも原料供給地としての役割が明確である限り、東北の各地は独自性を保ててはいた。日本社会は近代化を通じて一つのシステムへと緊密につながりあい、戦後にはその完成度を高めていくが、それはまた各地域の分業体制の確立でもあって、各地には他とは違う役割がつねに与えられてきた。東北社会は日本社会に一体化しつつあったが、これらはつながりながらも別個だった。そして別個である限り、たとえそこに非対称の関係が存在していても、それぞれにやっていくことができた。

しかしながら昭和後期、一九六〇年代を過ぎる頃から、事態は大きく変化していくことになる。

†低成長期までの東北の変化

高度経済成長期の後半、このシステムにおける東北の役割は大きく変化を始める。

まず一方で、原料供給地としての役割が次々と消失し、産業の空洞化が起きる。変化は国家システムとその外側の間で生じた。

国際競争力を高めていった日本の経済は、日々関係を強めていくグローバル経済の形成・発展と密接に関わっていた。重工業重視で進められた日本の産業政策のもと、食糧を含めた原料生産物については輸入自由化の中で安い製品が大量に流入し始め、東北での生産はその地位を失っていく。国際間の調整や圧力により、様々な規制で守られていた農林漁業の生産はその防御を徐々に解かれていき、短期間に産業としての力を失っていった。鉱業も、七〇年代には急速に国内から姿を消す。

これに対し、先述のように、新産業都市を含め、様々な産業振興策が打ち立てられるが、すでに産業構造は重工業中心から転換をはじめ、いずれも予定していたような効果は出ない。東北の地では、失った産業を埋めるはずの工業化は実現しないままとなる。

ここで東北が果たした役割は、新たな産業形成よりはむしろ、消費社会の形成拡大と人材供給であった。

まずは人材供給について。高度経済成長期にかけて、東北からは多くの人間が労働力として太平洋ベルト地帯に流れていった。とくに一九六〇年代になると、いわゆる団塊世代が中学校を卒業し、北東北からは「金の卵」として集団就職列車を仕立ててまで大量に人材を送り込むこととなる。他方で、こうした子供たちとともに、東北に暮らす大人たち自身も、東北内での農林漁業との兼業というかたちで「出稼ぎ」を始めていた。本来、出稼ぎは、林業や漁業では古くからある就労形態であったが、こうした原料産業への出稼ぎよりもっと割のよい、都市出稼ぎがこの時期に好まれるようになっていった。

こうして低成長期には、東北は人の面でも関東圏との関わりを強めていく。その関係は一方的に東北から関東へと人が流れているという意味で、非対称な〈中心—周辺〉関係であったが、それでもなお、それは東北の人々の目線から見た場合にも決して貶められたものではなく、どこかに芯の通った人々の主体的動きであったと解釈できる。集団就職も、これまでにないほどふくれあがった農山漁村の人口を目の前にして、子供たちに教育をつけさせ、都会で立身出世させる方法として理解されていた。事実それを実現した人も大勢いた。また都市出稼ぎも、都会でよい稼ぎを短期間に得ながら、半年間は失業手当を支給され、しかも条件不利な農林漁業をつづけることができる、効率のよい働き方であった。ここには都会をこちら側の都合で使いこなす主体性があり、東北人そのもののうちにも、大きく変動する日本社会の過程の中に自ら飛び込んで参加しているという自負が存在していた（作道信介《さくみちしんすけ》「津軽の人生　大東京をつくり、津軽に暮らす。」）。

　そしてさらに、消費の面からはこうもいえる。仕事を通じて中央から財を持ち込むことで東北の経済は大きくなった。またさらに低成長期からさかんに導入された公共事業は、地方への投資を呼び込み、経済を拡大させ、都市を拡張していくことになる。地域間格差是正のための様々な政策も行われた。そしてこうした中央からの財の流入により、東北の地は消費地として機能し始めることになる。

　次の一九八〇年代から九〇年代にかけて東北で生じていたのは、東北の周辺性を一方で解消するとともに、この消費地としての機能拡大を進めることによって、別の〈中心―周辺〉関係へとこの地が落とし込まれていく過程であった。それは東北の新たな開発を伴って進行することとなる。

†新たな開発と中心軸の形成

二一世紀の東北社会の現状につながる開発は、この低成長期に進んだ高速交通網の開通によって特徴づけられる。とくに東北自動車道および東北新幹線の着工とその完成による効果が大きい。これらを通じて九〇年代までに様々な産業が入り込むことになり、一定の人口集積を見て、東北内にも明確な中心軸が現れるようになった。

東北新幹線は一九七一年に着工、一一年後の一九八二年までに盛岡までの完成を果たしている。東北自動車道は一九七〇年代前半に着工され、やはり八〇年代までに一定の車線を完成する（八七年全線開通）。いま、東東北の中心軸となっている、白河から仙台、そして盛岡へとつながる開発ラインは、一九八〇年代までにこうした高速交通網が開通することによって確立した。いまや明白に、この軸に沿って産業も資本も、人口も集まっている。

これに対し、この中心軸から外れた地域は東北の中の周辺地域となり、人口や財の動きもとぼしい。何より、東北全体で見れば、山形から秋田、青森へと連なる日本海側は、いまだに高速道を完成していないばかりか、いわゆる「裏日本」として、過疎高齢化の深刻な地域を多く抱える地帯となっている。

注意すべきは、八〇年代までに完成したこの太平洋側の開発ラインが東北の中心軸となっている一方で、それ以降に整備された高速交通網が、同様の効果をあげていない点である。新幹線は九〇年代にかけてさらに、山形新幹線（九二年）、秋田新幹線（九七年）が開通し、また東北新幹線も二〇〇二年に八戸駅まで延伸、東日本大震災直前の二〇一〇年の新青森駅開業で全線が開通した。だがこれらには盛岡以南ほどの集積効果は見られず、むしろ逆に既存の軸である仙台や盛岡への求心性を高めた感がある。ちなみに二〇一一年三月五日に東北新幹線の最速達列車「はやぶさ」が運転を開始し、直後の一一日に震災を迎えた。

もっとも、八〇年代までに発達した東北の中心軸も、関東から中部、関西、九州に連なる太平洋ベルト地帯に比べればきわめて貧弱なラインであり、東北全体の中心というわけではない。そしてこのライン以外の各地でも、同じく七〇年代から八〇年代にかけて、県庁所在都市やそれに準ずる中核都市でこの時期個別に開発が進み、中心都市の中心性は高まっていった。だが、いずれにおいても、その都市発展には、のちに生じたこととの関係で見逃すことのできない次のような特徴があった。

まず第一に、九〇年代以降に見られた東北都市の発展は、東東北軸にある都市においてさえ、さらなる工業化よりはむしろ消費社会化が強調されていた。しかもこの消費社会化は、その都市の人口のみならず、周りの町村の人口を広く取り込むかたちで展開されており、都市を越えてより広域に広がる消費社会システムの実現が進んでいった。

そして第二に、この都市化は、中心市街地においてではなく郊外で生じていた。とくに九〇年代初頭に行われた大型小売店舗法（大店法）改正からは都市開発が郊外に集中し、全国で中心市街地の衰退を招く結果となる。当初は地元資本による郊外立地もむろん見られたが、都市郊外の展開は次第に中央資本による大規模店、モール、チェーン店、コンビニ群の形成に結実していく。

こうした東北社会の消費産業への組み込みと、その舞台としての郊外という図式には、どうもその後の展開を読み解く大きな鍵がありそうだ。というのも、この郊外の形成は、「周辺の中の中心の形成」ではなく、「中心からの周辺への進出・侵入」と解釈すべき点が大きいからである。郊外の形成は結局、多くが中央の大手資本による開発であり、大手メーカーによる画一化された住宅団地と、バイパス沿いの大型店・チェーン店の展開を結実し、そしてこれらを支える流通団地が郊外の風景の象徴であって、決してそれぞれの地域の主体性から発した展開ではない。

こうして振り返ると、八〇年代までの東北の中心軸の形成も、東北の独立性・自立性を進めたものというよりは、首都圏・関東圏から張り出した、中心側からの周辺への進出・侵入を示しているようにも思えてくる。そして実際に、七〇年代から八〇年代には、各都市の中心商店街こそが各地方都市の人口中心地帯であったのに対し、これらにかわって九〇年代までには、郊外が人口・利益のほとんどを吸収するようになっていった。全国に共通の中心市街地の解体と郊外化の先にはこうして、さらなるシステムへの組み込みが含意されていると読み解くことができそうである。

結果として、九〇年代には、これまでと全く違う状況が生み出されてしまったようだ。九〇年代までに成立した広域システムは、八〇年代までのシステムの中にもあった「中心と周辺」の意味を、大きく変えてしまったというべきだろう。すなわち、八〇年代までは中心と周辺はまだ別々であり、周辺の側にもまだ中心を使う主体性があった。これに対し、九〇年代からの周辺は中心の積極的な収奪活動の舞台として位置づけられそうだ。

我々はこのことをどのように解釈すればよいのだろうか。

この状況を十分に理解するためにはさらに、ここまで試みてきたようなマクロな説明だけでなく、人間の側の説明、人間自身の変化についての説明が必要である。そしてこの人間の変化こそが、もしかすると我々が直面しているもっとも大きな問題かもしれないのである。

4　人間の変化、周辺の変容

†戦後日本の三つの世代と広域システム

筆者はこれまで、主に過疎・過密の研究を通じて、戦後日本社会の変動を読み解く手がかりとして三つの世代に注目した世代分析の有効性を提唱してきた（拙著『限界集落の真実』参照）。ここでもそれを使って、この人間の変化について考えてみたい。

一般に、日本の人口構成を考える場合、団塊の世代（②戦後直後生まれ世代）、および団塊世代の子供たちである団塊ジュニア世代（③低成長期生まれ世代）の二つに注目が集まる。これに対し、過疎地を多く抱える地域では、大正末から昭和一桁生まれのところにもう一つ見逃せないピークが突出する。ここではこれを①戦前生まれ世代としておく。この三つの世代の動きを念頭に置くと、戦後の地域社会変動の多くが読み解ける。三つの世代による、地域の住み分けという観点から、東北人の分布を次のようにとらえておこう。

まず、これらの中でもっとも年長の①戦前生まれ世代は、いまや条件不利となってしまった農山村や漁村、あるいは伝統的市街地の町内で、先祖伝来の家や田畑、あるいは家業を捨てることなく暮らしている。他方で、次の②戦後直後生まれ世代は、農山漁村で多くが生まれながらも、戦後日本の高度経済成長に適応するかたちで都市（地方中心都市／太平洋ベルト地帯／首都圏）に出て働き、都市の生活様式を身につけてきた。そして、その子にあたる③低成長期生まれ世代は、都市に生まれ都市に育つことで、都市で暮らすノウハウをはじめから身につけている。

これらの世代間の生き方の違いを、ここでいう広域システムとの関係で説明するなら、次のようになる。

①戦前生まれ世代は、いわば広域システム完成前の人間である。この人々の配置は、現在でもシステム完成前の状況を反映しており、そのため都市部よりは農山村部に、郊外よりは中心市街地に多く配置されている。

これに対し、団塊世代を含む②戦後直後生まれ世代は、戦後の広域システム拡大の中で成長した世代だ。もっとも人口の多い世代であり、全国にくまなく大量に存在している。多くは小さな共同体に生まれながら、そこを離れ、システムの中に居場所を探してきた。この人々にとって広域システムのない暮らしはありえないが、かといって広域システムが絶対不可欠というわけではない。

しかしながら、団塊ジュニアを含む③低成長期生まれ世代は、都市部で生まれ、中でも首都圏に広く展開している。システムの中心側で育ち、中心しか見ていない存在であり、とくに首都圏で育った場合には、しばしばそれ以外の地方を知らないという意味で、閉ざされた環境の中にいる人間ということになる。かつ、ここでいう中心も、決してこのシステムの中核ではなく、その人格形成の場はしばしば郊外であって、実は真の中心を見ているわけでもない。

それぞれの人間は、それぞれが育った環境を前提に暮らし、一度形成した認識の視座は人生の中でそう大きく変化させることはできない。戦前生まれは戦中の思いを抱えて生き、また戦後直後生まれも、昭和三〇年代までの貧しいが希望にあふれた時代を抱いて生きている。そして、低成長期生まれ世代にとっては、たとえ郊外でつくられた生活様式がたかだか数十年の歴史の浅いものだとしても、それが思考や行動の基準となる。

この三世代がそれぞれに基準とする生活様式の違いはあまりにも大きく、世代を経て生きる環境を大きく変えてしまったので、その認識には、断絶にも近いものが存在してしまっている可能性がある。そしてその断絶は、単なる認識の違いというレベルを超えて、この社会の持続性においてきわめて大きな問題につながりうるものだ。ここでは次の二重の問題を指摘しておきたい。

一方で、広域システムの形成によって、それまでバランス良く配置されていた人口が中心（首都圏および太平洋ベルト地帯）に大量に集まり、バランスを欠く偏った人口配置になっている。そしてしばしば、中心にいる偏った思考法の人間が、周辺を含めたこのシステムのありようを決定していく。中でも若い世代ほど中心に集まるようになっており、時間がたつにつれて、周辺については十分な認識のない人々が、周辺にとって重要な決定を下すような事態が現れてくる。例えば、国政選挙における一票の格差をめぐる問題は、本来はこうしたバランスの悪い人口配置状況を元に戻すべく議論すべきものだったのが、世代が変わると数のアンバランスしか見えなくなり、数の平衡を求めて格差是正を要求する運動が、中心の側からあたかも正論のように飛び出してくることになるわけだ。

他方で、地方地域社会でも別のアンバランスが生じていく。より若い世代が少なく、より上の世代が多い社会では、高齢者の意向が全体の意志を代表するようになる。とくに過疎地では、本来は次世代継承の問題が重要であり、若い世代が暮らせる社会への転換が図られねばならないのに、そこに暮らす最大層である高齢者を中心にした声が大きくなり、高齢者向けの施策展開が図られることになる。結果として、地方は地方で、自分たちの首を絞めるような決定を率先して行うようにもなる。

†人間の変化と二〇一〇年代

先述のように、八〇年代以降、システムはさらに大きくなり、外へもつながり、経済的にはグローバル化さえして、日本国内の周辺は、周辺としての役割さえ失い始めていた。周辺の意味が変化し、おそらく中心の意味も変化し始めている。システムはより強く広域に一体化している。かつシステムは、こうした緊密さを基礎にして、さらに外へも開かれていく。周辺は、もはや中心なしには成立しないような場となりつつある。

おそらく、一九七〇年代までは、中心の方こそが周辺を必要としていたはずだ。しかし、九〇年代以降は、周辺の方が中心を必要とし始める。しかもそれが世代の転換を伴って、つまりは内部構成員の入れ替えとともに展開する。一方で世代交代は人々が判断を行う際の認識軸を変える。他方でいわゆる限界集落問題を含め、地域や国土の継承が現実的な課題としてもあがってくる。

ところで、二〇一〇年代は、こうした世代間の人口配置が、いよいよ次の段階に入る画期となる。すなわち、戦前生まれ世代が八〇歳代に入り、平均寿命を超え始める。これに伴い、周辺地域での人口減少が本格化することになる。長期にわたって地域を運営してきた担い手層が退出し、空き家・空き地が現れる。その空いた穴を次の世代はどのように埋めることができるのか。世代間での継承可能性が問われることとなる。

他方で、低成長期生まれ世代がこの社会を動かす中心層（四〇歳代前後）になるのも、二〇一〇年代である。戦前社会は実はここからいよいよ戦後社会へと完全に切りかわる。終戦（一九四五年）からすでに六十数年がたった。戦後社会では人生そのもののあり方が大きく変化を遂げ、平均寿命八〇歳前後という超高齢社会が実現した。超高齢社会は、長期安定社会でもあった。しかしながらその安定にもついに限界がくる。戦前社会は世代転換を経て終了し、人間の構成からいえば、これからようやく純粋な戦後社会が生まれるわけだ。しかしそれはおそらく、非常に根本的なところからの構造変動を伴うものになりそうだ。

こうした、戦後日本社会の変動の完成期という重要な転換期に、東日本大震災は生じた。それも、日本の中心ではなく、広域システムの中の周辺地域、東北という場所で。

†主体性と周辺性

まとめよう。東北は本来、一つではない。東北はバラバラで、一度も一つになったことはない。が、バラバラなりに、それぞれは主体でありつづけてきた。

東北はまたつねに周辺でありつづけてきた。それは日本社会におけるこの地域の歴史的運命ともいえる。だがその周辺性は、必ずしも歴史の客体であったことを意味しない。主体であり、周辺である——このことが東北という場を強く特徴づけてきた。さらにいえば、近代化が深く進展するごく最近までは、周辺だからこそ主体であったともいえそうだ。中心の動きに対し、東北社会はつねにどこか醒めており、その自主性を保っていた。

だが太平洋戦争後の六〇年間は、これまでとは全く違う状況を生み出してしまったようだ。一九九〇年代までにつくられた、ここでいう広域システムは、それまでの「中心と周辺」の意味を大きく変えてしまったかもしれない。中心と周辺は持ちつ持たれつだが、関係は非対称だ。しかしそれでも直接つながることがなければ、中心と周辺を実感するのはごく限られた機会ですんだ。しかし、九〇年代以降の変化は何かが違う。大きなシステムへと組み込まれたことによる周辺のさらなる周辺化は、人間自身の変化とも連動し、その関係を大きく変質させたかのようだ。中心と周辺は一体となったが、もしかすると中心と周辺の間の越えてはならない一線を越えてしまったのかもしれない。

以上をふまえて次章では、福島第一原発事故について検討していくことにしたい。福島の被災地は、ここまで見てきた津波災害の被災地とはまた別の側面をもっている。

そもそもここは、東北の南端に位置し、ある意味で関東圏のつづきをなしていた。北関東に連なる工業地帯の北端に福島県いわき市は位置し、そのさらに北側に福島第一原発はある。関東から見れば、関東ではない、向こう側のほどよい場所に原発は置かれていたことになる。

福島県浜通りは、東北の中では工業集積があって、働く場もあり、若年者の比率も高く、仙台のような大都市圏でもなければ、三陸沿岸のような条件不利地でもない、地域づくりの優等生のような状況を甘受してきた地域だった。だがそれは幻想だった。福島第一原発事故は、広域システム災害としてもっとも深刻で複雑な事態に、ここに暮らしていた人たちを陥れている。それはこのシステムの特質を照らし出すための格好の材料にもなりそうだ。次章ではこの原発事故の問題を、とくに避難に焦点をあてて考えてみたい。

第 4 章

原発避難

1　新しい事態

†二〇一一年五月、郡山にて

福島県郡山市にある、県の大型コンベンション施設「ビッグパレットふくしま」は、今回の東日本大震災で最大規模の、またもっとも混乱をきわめた避難所の一つとなった。震災から五日後の三月一六日、福島第一原発の事故発生を受けて、富岡町・川内村から大量の避難者がここに入った。富岡町から直線距離でも五〇キロ以上離れたこの施設は、地震のため建物自体にも被害があったが、緊急的に約二五〇〇人の避難者と、二つの町村の役場機能を受け入れることとなった。

二〇一一年五月一日、このビッグパレットふくしまに四月当初からこの避難所にボランティアで関わっている首都大学東京の大学院生たちを訪ねた。広い会議場は地震で壊れて使用できず、多くの人が廊下やロビーで寝泊まりしていた（当時の状況については須永将史氏の詳しい報告「大規模避難所の役割」〔『「原発避難」論』所収〕を参照されたい）。

実はこの日、ビッグパレットではボランティアセンターが開所したばかりだった。本避難所の混乱ぶりが、このことをとってみてもよく分かる。被災地のどの市町村でも、社会福祉協議会主導のもと、三月末までには災害ボランティアセンターはほぼ開設されていた。五月初旬ともなれば、避難所生活がつづくとはいえ、先の野田村なら順に復興へ向けた動きが始まっていた時期である。

この日のボランティアセンター開所式を控えて、災害ボランティアの業界で有名な稲垣文彦氏（中越防災安全推進機構）が、中越での経験を買われて、福島県の要請で避難所の運営支援に駆けつけていた。自治体の住民すべて、それも役場ごと避難するというありえなさがこうしたところにも現れている。筆者はこの直後、所属する社会学会の会員に呼びかけて十数名の若い研究者による広域避難者への追跡合同調査をスタートさせることになるが（のち「社会学広域避難研究会」として再編）、この研究会と、郡山に避難中の富岡町役場とをつないでくれたのが稲垣氏である。

その後、夏までには、原発避難の問題が取り上げられることは少なくなっていった。さらに八月に始まった避難所解消、仮設住宅・借り上げ住宅への移動は、原発避難者を見えないものに変えていった。そこで、「見えない避難を見えるものにしていこう」を研究会の目標とし、八月には富岡町から福島県外へ避難している方々への聞き取り調査を開始した。本章では、この研究会の成果にも依拠しながら、原発事故の問題を避難者の観点から検証し、この事故の本質に迫ってみたい。

†原発事故をめぐる反応とそれらへの違和感

福島第一原発事故は、日本国内だけでなく、世界中のメディアからも広く注目を集め、多くの識者がこの問題を取り上げてきた。すでに政府・国会・東電・民間の各種事故調査委員会の報告書をはじめ、大量の論考がある。しかし避難者の目から見れば違和感のある言説も多い。およそ次のようなことが気になる。

まず第一に、事故をあたかも過去のものであるかのように取り扱っている点である。しかしながら、いまだに放射能漏れはつづいており、四号機の使用済み核燃料プールの状態も決して安定していないとの話が多方面から聞こえてくる。政府は、二〇一一年一二月一六日に事故収束宣言を発表したが、事故のすべてが片付いたわけではない。むしろ事故はつづいているというべきであり、まだ何かが起きる可能性がある。

そして第二に、避難がまだつづいている。しかも事故の長期化により、被害は、時間の経過とともに、軽減されるどころかむしろ拡大している。ある原因で何らかの被害が発生すると、その被害が次々と別の問題に派生し、場合によっては生活を全面的に破壊していくことがある。このプロセスは、環境社会学の公害研究の中で「被害構造論」（飯島伸子）として把握されてきたものだが、この事故でいまだに多くの人々が避難生活をつづけていることさえ、多くの人は忘れてしまったかのようだ。

第三に、この事故の結果がまだ見えていない。放射性物質の大量拡散がどのようなことをもたらすのか、まだ分からない。健康被害はこれから始まる問題である。除染もどこまでできるのか全く見通せていない。

この一年半に発表された数々の事故検証も、結局は事故の物理的影響（なぜプラントは破損したのか、なぜメルトダウンは起きたのか、なぜ放射性物質は大量に放出されたのか）に問いを集中させ、また時期的にも三月一一日からせいぜい一カ月程度に限定するばかりで、避難を通じて現れているこの事故の影響の広がりや、長期にわたる問題について検証しているものは少ない。

この事故が何をもたらすかはまだこれからであり、現在進行形の問題である。むろん、事故の事後検証は必要だが、より急がれることは、いま現に起きている事態が今後どのように展開していくのかの解明である。だがどうも、とくに人間のことになると、原発本体ほどには多くの人の関心は向かないようだ。

†新しい事態に向き合えているか？

事態はまだこれからである。それどころか、この事態を読み解くための手がかりを、我々はいまだ手にしてはいない。あるはずのない原発事故が生じ、あってはいけないない放射性物質が大量に放出され、一〇万人を超える人々が避難をして、地域社会が存続の危機を迎えている。日本の社会の歴史の中では比較するもののない、人為的失敗による大失態だ。事態は新しく、過去の経験に頼ることはできない。だが、どうも新規の事態だということが、のみ込めていない人が多いようだ。

そのためだろう、いまだにこの新しい事態を見通す視角を探ることなく、従来のやり方が踏襲されて、多くの物事が進んでいる。事故はいまだに原子力の専門家の文脈で語られ、技術的問題へと回収されていく。あるいはまた政争の文脈に引き寄せられ、政治家の判断の失敗（例えば菅直人首相〔当時〕の個人的資質の問題）が焦点となる。あたかもきちんと準備さえすれば、あるいは別の人が動かしていたなら、次に同様な状況が起こっても、もう事故は起きないかのような言説が飛び交っている。

もっともこの新しい事態を理解するには世間に流布している情報はあまりにも貧弱であり、それが理解を大きく妨げているのも事実のようだ。各事故調でも原発プラントの問題に関心が集中し、避難の渦中にいた人々がいかなる状況に置かれ、何を経験したのかについては十分な情報は示されていない。それどころか、事故から一年以上を経て避難をつづけている人々への他人事《ひとごと》感は強まり、場合によっては反感さえもたれ始めているようだ。

だが新しい事態は否応なしに進行している。我々はこの事態にきちんと向き合う必要がある。三・一一からの原発避難の動きを振り返ってみよう。

2 事故から避難へ

†問題の構図

今回の原発事故が引き起こした新しい事態とは、まずは、立ち入りや居住が基本的に禁止される「警戒区域」が、広範な市街地に、しかも複数の自治体において町域丸ごと長期にわたって設定されたということにある。

警戒区域は、基本的には災害対策基本法で規定されているが、原子力災害を扱う原子力災害対策特別措置法は、この災害対策基本法を一部読み替えるかたちで構成されている。

また人為災害としての原発事故には事故時の責任の所在を定めた原賠法（原子力損害の賠償に関する法律）もある。これらの法の特徴を確認しておこう。

まず第一に、これらの法は基本的には国民の安全を守ることを目的とするが、同時に、たとえ事故があっても、原子力開発の推進と事故処理は両立すべきものと考えられている。だからこそ、第二に、災害発生時には、その責任の所在は一つに集約されている。責任者は事情はどうあれ事業者であり、想定できない災害やテロなどの場合にのみ免責される。

これらの規定が今回のような巨大事故を想定していたものとは思われない。が、それでもこうした法のもとに、早々から事業者である東京電力の責任が確定され、国がそれを支援するという体制が構築されたことで、避難者たちは全く無責任に路上に放り出されるような事態から、とりあえず免れている可能性がある。

ところで、この原子力災害対策特別措置法に記載されている、事故から住民避難に至る流れを見ると、こうした責任の所在がどこにあるのか、避難指示の面でもあらかじめ明瞭にされていることも分かる。

原子力災害対応の最初の主体は、国と事業者である。事業者は、事故があれば速やかに国に通告し、国はその情報を受けて、緊急事態を宣言する。そして国からの指示によって、立地の地元自治体は避難などを住民に周知することになっている。つまり、〈事業者↓国

↓地方自治体↓住民〉と情報は進み、指示が流れる構図だ。

これがきわめて特異なのは、従来の災害対応とはまるっきり違うかたちになっているからである。従来の災害では、災害が生じている（生じつつある）という情報は、まずは地方自治体に通報されなければならない。自然災害においては、安全確保の責任主体は地方自治体である。市町村が情報を集め、事態を受けて動き、それを都道府県や国がサポートするのが慣例だ。ところが、原子力災害では国の位置づけが違う。国が重要な当事者として、災害処理の中心主体としてはじめから深く関わっている。

なぜこうなるのか。ここではこれを、原子力発電が組み込まれている広域システムの問題、そこにある〈中心―周辺〉関係の非対称性から、解読してみたい。

†自然災害と原発災害

日本の自然災害には、風水害、地震、津波、火山、火事、疫病、冷害、熱害などがある。これらに対する最終責任は、むろん被災者自身にある。そしてその被災者自身の自助努力とともに、災害対応の実務には、その事態が生じた地域の地方自治体があたる。被害の規模に応じて県や国が関わるケースもあるが、あくまで中心は市町村だ。

だが原子力災害は違う。この災害が人為的なものであることにもよるが、リスク形成の構造が従来の自然災害とまるっきり異なっていることにも由来する。

まず第一に、原子力災害では、その原因が人工物であること、それも複雑で外からは見えない特殊な構造物であることがある。原発内のことは外からは一切分からない。そもそもテロ対策のために分からないようにつくられている。事故は、事業者や、事業者を監督する官庁以外には分からず、他ではその情報を入手することはできない。

加えて第二に、放射性物質は目に見えず、専門的な装置を媒介にしてでないと危険を察知できない。どこにどんな危険があるのか。それが身体に及ぼす影響はどれほどのものなのか。すべては専門家の目を通じてでしか分からない。事業者である電力会社および専門家、そして国家の関与が、原発災害においては本質的に不可欠だ。「津波てんでんこ」(津波の危険を感じたら、めいめいで逃げろという津波伝承)とは違うのである。

以上に関連して、原子力災害からの避難にも二つの段階があることに注意しよう。

一つは、原発の爆発可能性からの避難である。当初、原子炉本体そのものの爆発の可能性があったので避難区域は同心円状に設定された。

もう一つは、放射性物質からの避難である。これには爆発を防ぐために行われたベントによる放射性物質のいわば意図的な漏出から、とくに二〇一一年三月一四日から一五日にかけて主に二号機から漏れ出た大量の放射性物質に代表される、純粋に事故としての大量漏出までが含まれる。そして後者の放射性物質は風に乗って北西方向に流れたため、設定された同心円を越えて遠く広がった。その大量拡散の範囲が後の計画的避難区域につながることになる。

二つの避難は違う。そして二〇一一年一二月一六日の政府の事故収束宣言を受けて前者の爆発についてはすでに危険はなくなったことになり、爆発の危険に伴う避難から、放射性物質による汚染に伴う避難へと、避難の意味合いは大きく変わりつつあるようだ。もっとも、第一原発の現状については、実際の爆発危険性がいま、どの程度おさまっているのかについて必ずしも明確ではない。また放射性物質の拡散についても、いまだに半減期の短い物質が検出されているとの話もあり、わずかではあるがまだ出ているのは事実らしい。事故が本当に収束したのかについては、専門家でも疑問を呈する人が多いようだ。

いずれにしても、原子力災害に関わって用意されていた法や制度的準備は、このような爆発可能性や大量の放射性物質漏れを想定したものではなかったため、現実との大きな矛盾を抱えることになる。国や科学が深く関わる大規模事故。複数の自治体による住民丸ごとの大量避難。従来の災害の枠組みを超えた新しい事態。その中で具体的にどのように情報が流れ、指示がなされ、避難は行われたのだろうか。次に富岡町調査の情報をもとに、他町村の事情も加味しながら、原発避難の実際の経緯を確かめてみよう。

†三月一一・一二日――爆発の可能性、しかし情報は伝わらない

二〇一一年三月一一日、一四時四六分。宮城県沖でM9・0の地震が発生。その一時間後までに、太平洋側の沿岸で大規模な津波が発生した。福島県内でも、多数の死者・行方不明者が出た。だがこの時点では原発事故の可能性を予告する情報はなく、各自治体も地震・津波災害の対応に追われていた。

もっとも、第一原発に近い位置（空間的に、仕事上など）にいた人々には早いうちから情報がもたらされており、危ないと知った人はすでに一一日から避難を始めていたという。これに対し、役場を含めて多くの場所で原発内部の情報は伝わっていなかった。余震がつづく中、人々は停電で暗い夜を過ごしていたが、一九時三分、東京電力（以下、東電）からの情報を受けて、政府は原子力緊急事態宣言を発令。事故はもう展開を始めていた。同日二一時過ぎ、政府は最初の避難指示を出す。当初は三キロ圏内。一二日早朝には一〇キロ圏内に広げられ、同日夜には二〇キロ圏内まで拡大する。これが後に警戒区域の設定範囲となった。

ところで、数々の報道によれば、東電は政府への情報提供に消極的であり、すでに事故に関わる情報の流れには大きな障害が生じていた。しかも、せっかく出された国の避難指

示も肝心の自治体には伝わっていなかった。停電し、固定電話も通じない中、情報伝達は人の足に頼らざるをえず、伝達範囲はごく一部に限られていた。

とはいえ事故当日、発電所から自宅に戻った東電関係者も多数おり、そこから徐々に「危ないらしい」の噂は広がっていく。一二日朝までには、二〇キロ圏内の自治体では、国からの避難指示を受けないまでも非常事態を察知し、独自に避難を計画していた。

一二日朝には自治体ごとに避難指示が独自になされ、住民の避難が始まる。手配されたバスや、自家用車で避難が行われるが、そのさなかの一五時三六分、一号機で水素爆発が起きた。避難した人々は、自治体関係者も含め、避難先のテレビでこの事実を知ることになる。当時はまだ避難できずにいた人もいた。

この事故がどの程度まで拡大し、現実にどのような影響が出るのかの見通しが立たないまま、政府の事故対応がスタートしていることに注意したい。最悪の事態も想定しながら、しかし十分な情報網も体制もなく、できたのはこの程度だった。ベントも始まっている。すでに当初から一定の国民の被爆はやむなしという状態が生じていた。むろん関係者はみな必死だったが、事態はすでにコントロールするにはあまりにも巨大化してしまっていたのである。

†三月一五日――放射性物質漏れからの避難と汚染

一四日、三号機が水素爆発。そして一五日早朝、二号機から大量の放射性物質漏れが生じる。この間に拡散した放射性物質が、現在、我々が気にしているあの汚染地図（文部科学省による第四次航空機モニタリングの測定結果について　http://radioactivity.mext.go.jp/ja/contents/5000/4901/view.html）をつくったと考えられている。

一五日午前一一時、政府は半径二〇キロから三〇キロ圏内に屋内待避を指示した（後の緊急時避難準備区域）。そしてこの指示もまた多くの人はテレビを通じて知ることになる。これを受けて、新たに川内村や広野町などからも全域避難が始まる。要するに、二〇キロから三〇キロ圏内では、この日、避難者を受け入れる側から避難する側へと立場が変わったのである。またこれらの地域の避難所にいったん落ち着いていた人々は、二度目の避難を強いられることとなり、中通りや会津、あるいは県外への脱出が図られていった。

この時の二号機の破損がいったい何だったのか、いまだに不明確なままである。破損した原子炉には直接近づくことはできず、何が起きたのかを正確に知るのは当分先になろう。いずれにせよ、大量の放射性物質が放出され、風に流されて、大気中に滞留し、おりからの雨で地表に落ちた。第一原発周辺から北西方向に向けてはとくに高濃度の汚染地帯が形成されたが、この点については事前に予測されてもいた。文部科学省がもつSPEEDI《スピーディー》（緊急時迅速放射能影響予測ネットワークシステム）がそれであり、しかもその予測図が実際の汚染の分布に非常に近かったため、のちになぜその情報を国は住民にすぐに伝えなかったのかが問題となった。

だが筆者が見る限り、ここでもやはり事態が大きすぎて、その情報を吟味し、知らせる主体を欠いたということが重要なポイントのようだ。この情報をもし住民に流すとして、その手段は何だったのか。その決定は誰が行うべきだったのか。そもそも最初の避難指示が、住民にも、まして各役場にさえ届いていない。事故の現実を知ったのはみなテレビを通じてである。放射性物質の拡散予測も、もしそれを流すならテレビを通じてということになるが、ではメディアの方でそうした情報を伝える覚悟があった

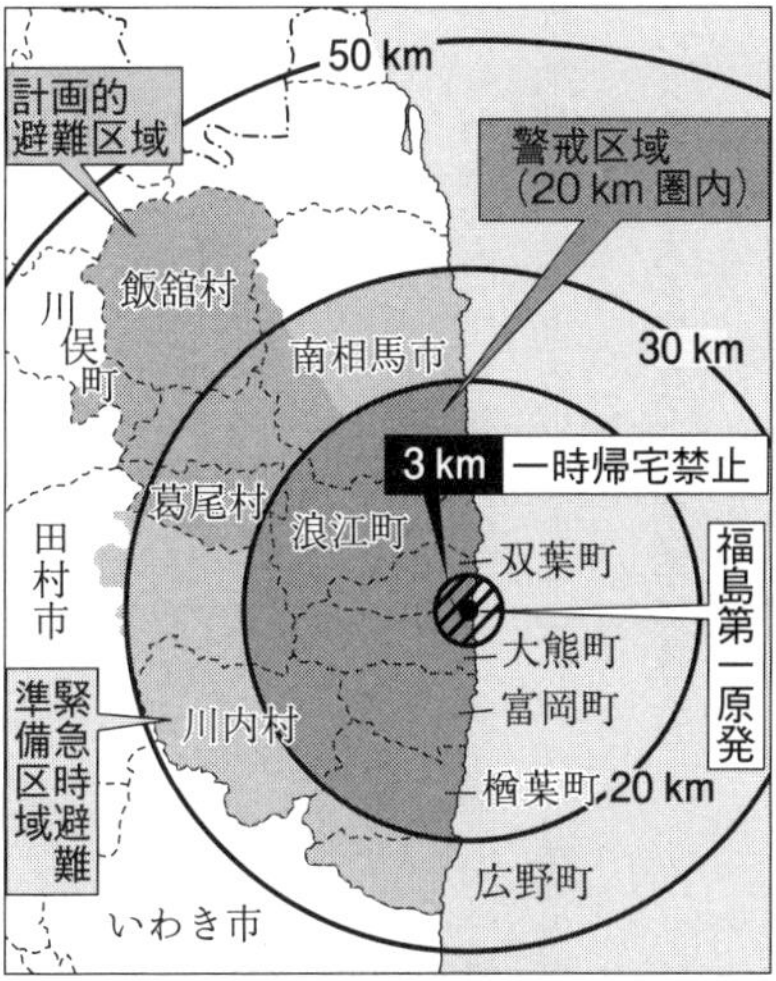

図　2011年4月22日設定の警戒区域など
（朝日新聞2011年4月23日付より）

かどうか。いずれにせよ官邸でも当時、ＳＰＥＥＤＩが何なのかさえ分からずにいたのが実態らしい。

こうして何段階かの避難を経て、一〇万人を超える人々が福島県浜通りから各地に散った。さらに、放射性物質の拡散状況から、第一原発より北西方向の飯舘村、葛尾村、浪江町・川俣町・南相馬市の一部が四月二二日に計画的避難区域に設定される（実際の避難はさらに後になる）。また同日より、二〇キロ圏内は警戒区域に、計画的避難区域以外の二〇キロから三〇キロ圏内は緊急時避難準備区域に設定された。これらに含まれない高濃度汚染地帯・ホットスポットについては、特定避難勧奨地点が六月より順次設定された。

†システムが大きすぎて人間の手に負えない

この原発避難の経緯から、我々は何を読み取るべきだろうか。

これらの指示が的確であったかどうかは確かに重要な論点ではある。が、ここで問題にしたいのは、そんな細かいことではない。次の点だ。

要するにシステムが大きく、複雑すぎて、いったん壊れてしまうと人間の手には負えなかったのだ。短い時間で大きな決定を的確に行わねばならない。しかもその意思決定には数々の関係者が関わり、多様な要素を考慮に入れねばならない。結果として今回は、現地の人間でもなく、現場から遠く離れたところにいる首相が、最終判断を下すこととなった。しかし官邸には情報は届かず、専門家も混乱している。東電からも積極的に情報は出てこない。これでは個人には手も足も出ない。首相であっても実態は生身の人間だ。「原発に依存しない社会を目指すべき、と考えるに至りました」（二〇一一年七月一三日記者会見）という菅直人首相（当時）の言葉は、今回のレベルで問題が起きれば、人間の手には負えないという素直な感想であったと理解すべきだ。

もともとのスキームでは、事業者からの情報は国に速やかに伝えられ、それが集約されて、地元自治体に伝えられることになっていた。地元自治体はその情報を待って初めて、いつもの災害時と同じように動けるのである。しかしながら、事業者である東電の現場でさえ何が起きているのか分からない事態が発生した。しかもその事故は、日本の国土全体を死の国に導きかねないものであった。

今回の政府の個々の対応には批判すべきところがあるだろうが、その前に、これはもともと不可能なことをやっていると理解する必要がありそうだ。そもそも、この事態をつくりだしたことそのものに問題がある。第一原発の現場も、免震重要棟からのコントロールはすべて電気による遠隔操作が前提である。何が起きているのかは、電気が切れれば確認できない。避難指示の拠点になるはずだったオフサイトセンターも使えず、第一原発から遠く離れた東京で、あるいはそのサテライトとしての福島市内で、事故対応の方針が決められた。専門家も現場に近づけず、遠巻きに見ているしかない。「遠隔性」は、この事故を特徴づける重要な要素である。

このようなことが起きれば、事態はどうやっても制御は不可能だ。このありえない事態をつくりだした人々にこそ責任があるが、今回の事故を、事故後の操作ミスとして、あるいは技術的な問題や政治的判断の過失として解こうとする人がいまだに多いようだ。

†安全神話と安全詐欺

もっともこのようにいうと、原発の「安全神話」が信じられていたからこのようなことが起きたのだという議論に、筆者が与《くみ》していると思う読者がいるかもしれない。だが事態はそう簡単ではない。

というのも、原子力発電はそこに現実にある以上は絶対的に安全であり、事故の可能性などはほんのわずかでもあってはならないものだからだ。絶対に事故は起きないのでなければ立地はありえない。事故の確率があると言明されていれば、そもそもそこには建設されていないはずのものだ。「危険はないのか」という問いが「絶対安全」に押し切られたからこそ、原発はそこにある。そして原発導入時のみならず、その後も引きつづき三・一一の直前まで、推進側の「絶対安全」の論理はあらゆる異論を声高に撥《は》ねのけてきた。

原発のない地域に暮らす人々は、事故直前まで原発立地自治体でなされていた安全性の議論がいかなるものだったか理解できていないようだ。筆者は青森県の生活が長かったので、政府や電力会社が行ってきた原発プロパガンダがどういうものかそれなりによく分かる。「原子力の安全を疑うものは馬鹿だ」とさえ言われてきた。反対者には「危険だと言いつづけなさい。そうすればそれに応じて対応策が増し、危険は回避される」——そんな言説まで繰り返されていたのである。原発はあくまで危険はなく、そこで施されていた多重の安全装置を疑う人間はよほど疑り深く、常軌を逸した人間であるとされた。クレイジーなこの国の転覆を狙う危険分子だけが原発の安全性を疑うのであり、正常であることを自覚するふつうの住民である限り、疑うことは許されなかったのだ。

これは神話ではない。神話であれば、こんな詭弁は必要ないはずだ。いうなればだまされたのである。住民は安全神話を信じていたのではなく、安全を一方的に押しつけられ、強要されていた。これはむしろ「安全詐欺」というべきものだ。

大量の放射性物質を放出するような原発事故は、そもそもあってはいけない事態であり、想定されるべきものでさえなかった。だからそのための事前の準備は必要ないし、実際にも行われない。電源喪失も、また炉心溶融を招くような事態が生じることも想定する必要はなく、オフサイトセンターが機能しないということも考慮する必要はなかった。

しかしながら今回、各種の事故調が示しているように、東電も国も、万が一にもこういう事態が起きうることを知っていた。無責任にも、危険性を認識しながら、それを放置し、事故は絶対にないといい張ってきた人々がいる。立地側の住民にとっては、絶対安全のお墨付きを信じ込まされていたことになる。筆者自身もそれを信じてきた者であって、事故前までは原発の危険性を訴える人々を、絶対安全の言葉を信用して冷ややかに見ていた一人だ。だが事故はあっけなく起きた。

この事故を予言していた人は多数いた。「正しい予測」を押しつぶし、すべてを「安全」に塗り固めてきた勢力・人々がある。そこにこそ、この事故の責任は求められるべきだ。それは地元自治体ではありえない。まして住民でもない。それは科学者側の問題であり、この事業を推進してきた政治や経済の側の問題である。

†責任と情報をめぐって

もっともここでの興味は犯人捜しではない。個々の責任追及は必要だが、それだけでは今回の事態を解明することにはつながらない。筆者は、誰が何をしたかには一切関心がない。ここで明瞭にしたいのはその構造だ。

この事故を読み解くのにもっとも重要な論点は、情報の流れと責任の所在だ。生じてしまった事態を掌握するための情報は、事故発生当事者である事業主にある。そして情報をつかみ、その情報に基づいて人々の避難を的確に誘導するのは国の責任だ。加えてこの事態を正確に把握して説明し、そのリスクを示し、また汚染の実態を提示するのは科学者や専門家の責任である。原発事故では、それがつくられた経緯からして、情報も責任も、これらはすべて東電と国、そして専門家集団の側にある。立地の自治体や住民の側には一切ない。ここでいっているのは制度上とか倫理上ということではない。構造上それ以外に考えられないのだ。

もともとこの原子力産業は国から発し、電力事業体が動き、科学者が協力してつくったものだ。これらがこのシステムの中心にあるのは明らかである。そのシステムが大きく壊れ、非常事態が発生した。事故に関する情報をもっているのはシステムの中心側だ。中心にいる人々には、事態を最小限の犠牲で切り抜ける責任がある。しかしながらこれらの間でさえ情報は共有されず、何が起きているかも分からないまま、責任ある行動もなされずに事態は放置された。中心にも責任感ある人はいたし、手は尽くしたのだろう。しかし情報は混乱し、現場は遠隔にあって手も足も出ない。そして中心とは違い、周辺にある現場は目の前に爆発の危険が迫り、被曝も始まっていた。結果として、住民や自治体には、必要な情報は全くもたらされず、自己判断による避難が強いられることとなった。こうしてシステム崩壊の中で、事実上、ある種の周辺切り捨てが進行していたことになる。

†脱システムの難しさ

だが、さらに事態はその後、新たに展開を進めている。事態の本質を見抜くためにも、福島第一原発事故をめぐる分析をここで止めてはならない。すなわち次のようなことが進行している。

東日本大震災が生じ、この原発事故が生じた時、我々の世界観は大きく変わった。だが、にもかかわらず、原発事故をめぐる情報の流れを見ても、あるいは避難誘導をめぐる責任のあり方においても、それ以前の〈中心―周辺〉の枠組みは、依然として生きつづけてきた。そしてそれは、事後処理の過程においても作動しつづけ、時間がたてばたつほどその枠組みはより強化されつつあるようだ。

システム崩壊後に観察されるのは、失敗したシステムのあり方を変えようとする力であるよりはむしろ、元の状態へと戻ろうとする強い回復力である。いや、こうもいえそうだ。大災害により、ある種の構造は崩れたが、その崩れた構造を再建・処理する過程でもともとの構造が整理され、それまで持続してきたものが再統合されて、システムは以前に比べてよりいっそう強化されていく。事故直後の「脱原発」が当然という未来図は速やかに消え去り、野田政権への交替とともに一気に再稼働が進められてきた。これもまた回復力といってよいものだろう。

もっとも、ここで筆者は「脱原発すべきだ」といっているのではない。福島第一原発事故を避難者たちの側に立って眺めるなら、脱原発運動もまた、今回の避難者の切り捨てにつながりかねない危険性をもつからだ。というのも、脱原発の運動もまた大きなシステムに関わる過程の中にあり、システムの中心側で動いているものに他ならないからだ。脱原発運動は国家のエネルギー問題、広域システムのあり方そのものに深く関わるものだ。そしてその行く末は、「原発は怖い」という感情論にとどまらず、被災地の復興を左右し、またすでにある全国の原発立地地域の将来を決定づけることにもなる。

例えばこういうことだ。各地で原発が稼働している限りは被災地の補償も実現可能だし、核廃棄物処分場の話も棚上げのままだ。しかし、脱原発がいますぐ実現されれば、福島は唯一の被爆地として、一気に核のゴミ捨て場の役割を担わされかねない。避難者にとっては、この事故によってなし崩しにすべての負担を一手に引き受けさせられることになるが、それはやはり本来あってはならない話だ。

もし根源からこの問題を解決するならば、それは脱原発ではなく、脱システムでなければならない。だがそれは容易ではない。問題は根深く、複雑だ。そして脱システムの難しさは、その後の原発避難の展開の中にも明瞭に現れ始めている。以下さらに原発事故後の避難者の行方を追跡し、この事故の本質をより深く探究していきたい。

3 システム崩壊後の社会的分断とシステム強化

†事後対応の特徴――新しい〈中心―周辺〉関係の形成

すでに述べたように、原子力災害では、事業者が一括して責任を負うこととなっている。今回は東電である。ただし東電だけで対応できない場合、国もまた責任を負うことで、避難者の権利は守られる体制になっている。つまりは国策としての原子力発電であり、その事業主体としての電力事業者であって、法制度的に有事の責任は、直後のみならず、その後の事後対応でも、国と事業者の両方が負うのだと理解できよう。

だが、こうした設計は、避難者にとって有利な面があるとともに、不利な面も形成する。国と東電の責任は明確になっているので、避難者はそのことを争う必要はない。東電は賠償を進め、また国は避難者対応を行わねばならない。避難者には避難用の住宅が供給されるだけでなく、福島県外に出ても、様々な制度的支援が受けられるようになっている。また賠償についても、精神的賠償・月額一人一〇万円（避難所では一二万円）という基準がすでに確立されている。これは、自動車保険などで行われている最低限の額に沿ったものであるが、着の身着のまま出てきた避難者たちは、とりあえずこれをあてにして当面の状況をしのぐことができる。

だが、他の災害とは異なる措置はここまでである。避難者たちは、今度は逆に加害者でもある東電や国に、誰の助けも得ることなく、直接向き合わねばならない。被害者は無力化し、加害者に寄り添い依存するかたちで、事後処理はなされていく。賠償も、被害者が加害者である東電に直接申し出て請求し、交渉することになっており、客観的中立的な調停ができない状況にある。東電との交渉が不満であれば、個別にＡＤＲ（裁判外紛争解決手続）に申し出るか（文部科学省に原子力損害賠償紛争解決センターが設置されている）、直接裁判で争うことになるが、素人にとって大企業を相手にこうした手続きで何かを勝ち取るのは、かなりハードルの高い作業だろう。

また専門家との関係もやっかいだ。避難者たちは、原子力の専門家たちのために事故の犠牲になったともいえるわけだが、にもかかわらず今後のことについて、その専門家らに頼らざるをえない。放射能汚染の影響は自分たちでは把握することはできず、そのリスク処理の問題も自分たちでは判断できないからだ。賠償についても同じだ。誰が信頼できる弁護士か分からないまま、法律の専門家に頼らざるをえない。とはいえ、専門家自身もすべて分かっているわけではなく、ましてこの事故の責任をとってくれるわけでもない。結局、避難者は十分な情報もないままに、できないはずの自己判断を迫られることになる。

しかしながら、さらにやっかいな問題がある。それは、この広域システムが、国と地方、専門家と素人、大企業と個人といった〈中心—周辺〉問題のみならず、さらには、被災者と大多数の国民という、もっと大きな〈中心—周辺〉問題をもはらんでいることにある。

原発事故はすべての国民に関わる事態である。筆者も、これを読んでいる読者も、この〈中心—周辺〉のまっただ中にいるが、このことを自覚できている人はごく少数だろう。事故によって生じた新たな〈中心—周辺〉関係は、事故処理に関わる増税や電気料金値上げなどにも関わって、国民の間で、きわめて複雑なかたちで、差別的感情も伴いながら新しい状況を形成しつつある。

†原発事故後の中心と周辺——なぜ他人事になるのか

本章冒頭に述べたような、東日本大震災・福島第一原発事故に対する「もう終わった問題」という感覚と、そこに漂う「他人事感」――筆者はこれを東京に出てきて以来ずっと感じてきた。それは時を経てますます強くなっているようだ。そしてこうした認識もまた、〈中心―周辺〉関係のうちに生じているものである。

原発は広域システムの代表である。広域システムの中で、みなつながっているからこそ生じた災害だといってもよい。しかし、生じた事故は、一部の人々のみのものとされてしまう。ここには、典型的な〈中心―周辺〉関係が見られる。首都圏と福島の間で起きていることはまさにこれだ。第一原発が東京電力のものであった以上、両者の関係は一蓮托生《いちれんたくしょう》のはずだが、首都圏の人々には、福島県の人々ほどの当事者意識はない。

同じ日本社会の中にありながら、なぜこうした認識差が生まれるのか。筆者は、中心と周辺という語を用いて、この間の意識のズレを次のような論理で考えている。

一見、中心にはあらゆるものが集まっており、技術も、思考も高度でかつ豊富にあり、すべてのものを見通す視座がここには備わっているように見える。

ところが実態は、周辺から中心はよく見えるのだが、中心からは周辺は見えない。すり鉢の真ん中と、縁のようなもので、縁からは、鉢の中はすべて見えているのだが、鉢の底にいるものには自分たちしか見えず、周りが見えない。

これは拙著『限界集落の真実』でも記述した論理だ。山間にある限界集落からは、中心集落が見え、中心都市が見え、また東京も見えており、すべてを知っている。しかし、逆に首都圏に住むものには、周辺は見えていない。もっとも気の毒なのは、首都圏に生まれ、首都圏でずっと暮らしている人々だ。首都圏にいる地方出身者は日本という国を実感できているが、首都圏出身者は、大量の情報の中にいるにもかかわらず、ごく身近な暮らししか知らない、きわめて狭い視野のうちにいる。だがその首都圏の真ん中にある首都でこそ、すべて国のことは決められているのだ。

広域システムにおけるこうした〈中心―周辺〉関係のいびつさに、今回の震災を通じてあらためて気づいた人も多いはずだ。しかしながら、震災の中で明らかになった問題状況は、その後改められるどころか、むしろ被災者と非被災者との間の新たな〈中心―周辺〉関係を付け加えることで、かえって広域システムそのものの再編強化につながってきた。システム崩壊に対する反省がさらなるシステム強化につながる一方で、周辺に追いやられた被災者たちはもはや以前の状態に戻ることはできない。被災者は、急ぎ戻ろうとするシステムに追いつけず惑うこととなる。

いやもっと正確にいえば、広域システム災害の中で被災者自体も広域化し、分断され、そこにさえ中心と周辺が現れている。被災者も一枚岩ではない。システム強化に荷担する人々もあれば、そこから脱落する人々もおり、さらに避難をめぐるきわめて多様な社会的分断が人々の間に生じていて、お互いの意識差を埋めることが難しい状況に陥っている。これもまた、広域システム災害ならではの特徴のようだ。この新たに現れつつある被災者・避難者の社会的分断の諸相を次に読み解いてみよう。

†分断される避難者たち

福島県の発表によれば（二〇一二年一一月）、福島県の避難者は総計約一六万人。このうち約一〇万人が県内にとどまる一方で、約六万人がいまも県外に避難している。しかも四七都道府県すべてに散らばった広域避難である。

だが、一口に「避難」といっても、そこには様々な顔がある。ここでは次の四つのパターンを区別しておこう。

①強制避難

居住地が「警戒区域・計画的避難区域・緊急時避難準備区域・特定避難勧奨地点」に指定されたことで、自宅に戻れずにいる人々・地域のことである。本章ではここまで、原発避難といった場合には、この強制避難のことを指してきた。

②福島からの自主避難

これに対し、第二に、こうした避難区域外に住居がある福島県民の中にも、自主的に避難している人々がいる。こうした人々の中には、強制避難区域よりも空間放射線量が高い場所に住居をもつ人もいる。また避難形態もまちまちで、多くは母子による避難が多いが、父親も避難しているケース、父親だけ地元に残って単身赴任のようなかたちになっているケース、さらにはこのことをきっかけに事実上別居しているケースなどもあるようだ。

こうした避難者たちは、メディアの表現や全国各地の支援の現場では、「福島からの避難者」としてひとくくりにされる。しかし、強制避難と自主避難の立場はまるっきり違い、むしろ対立的な関係にさえある。

強制避難者には月々の精神的賠償があり、また様々な法的措置もある。だがすべてを失っている。これに対し、自主避難者には賠償はない。しかし帰る家や財産は残っており、選択の自由もある。もっとも先述のように、賠償も東電に主導権があり、強制避難者が必ずしもみな納得して賠償を得ているわけではない。が、これも自主避難者からは見えない。

③福島県以外からの自主避難

加えて第三に、首都圏など、福島県以外からの自主避難があり、事態はますます難しいものとなっている。

というのも、これらは玉突きの現象を起こしており、①が②の居住地へ、②が③の居住地へ、③はさらに外へと避難したからである。そしてこの玉突きが、お互いに実に居心地の悪い状況を生み出している。

例えば、福島県内でいえば、中通りやいわき市の住民は、一方で避難者たちを受け入れる側だ。しかしながら、そこから密かに他県へと避難していく人々もいるわけだ。これは首都圏などでも同じで、首都圏は福島から避難者を受け入れる一方で、首都圏から関西や九州へと避難する人々がいる。福島県の中には、県外への避難者に対して「あの人たちは、故郷を捨てた人だ」という言い方があり、このことは他県の人々からはきわめて批判的に見られている。だが、こうした構造を考えれば、福島県内に残っている人々の複雑な立場も理解できるというものだ。

④生活内避難

それゆえ第四に、もう一つ忘れてはならないカテゴリーとして、生活内避難がある。

実際、福島県内には、避難指示の対象にはなっていないが、比較的放射線量が高い地域がある（福島県外にも存在する）。こうした地域にとどまっている人々の中には、高い放射線量を前に不安な暮らしを強いられている人々がいる。日常生活が平常に行われていないという意味で、こうした人々もまた原発避難者のうちに含めるべきだろう。

そして今後、①の強制避難の区域解除・再編が進めば、①が②や④へと転換し、避難をめぐる類型にはよりいっそうの複雑さが生じることになる。そしてすでに、二〇一一年九月末には緊急時避難準備区域の設定が解除された。さらに警戒区域も、二〇一二年四月には福島県田村市、川内村、南相馬市小高で再編が行われ、七月には飯舘村も再編を実施。九月には楢葉町《ならはまち》でも実施されている（一一月末、大熊町でも再編決定）。もっとも実際の帰還は二〇一二年秋時点で一割から三割程度と見られており、原発避難の実情は順に新しい段階へ、しかもより複雑な段階へと移行してきている。

†分断の諸相――仮設住宅からの声

もっとも分断の諸相は、避難指示や放射性物質による汚染によって空間的に生じているだけでなく、他にも様々に、多次元にわたって観察されている。

その中でもっとも大きいのが、世代間の分断と、職業間の分断、そして強制避難者に関していえば、避難先の居住形態の差による分断である。まずは最後の避難先の居住形態から確認しておこう。

避難者の居住形態として、一般には仮設住宅のイメージが大きいだろう。ただし、仮設住宅に居住しているのは、強制避難者のうちの二割程度にすぎない。これは津波被災地にもいえることだが、今回の避難の特徴は、いわゆる仮設住宅だけでなく、空室であった公営住宅が広く利用されたり（災害時のためのストックとして用意されていたものも多かった）、民間の住宅に入る場合にもそれを公的に借り上げ、仮設住宅とみなすやり方がとられたりした点にある。その運用には批判もあるが、大量の避難者という異常事態を前に、既存の住宅の有効な活用が実現されたことは、災害対応業務の大きな前進というべきだろう。

もっとも、こうした居住形態の違いが引き起こす社会的ジレンマもあり、そこには無視できない人々の分断が生じている。

福島県内のあちこちに立ち並ぶ仮設住宅は、ある意味でこの震災の象徴である。ボランティア団体の支援や、救援物資は、この目に見える被災者に届けられてきた。メディアも、「被災者の声」のほとんどを仮設住宅から拾ってきた。また自治体にとっても、目の前の仮設は放っておけない存在なので、すべてが仮設住宅中心になってしまう。実際、仮設住宅入居者には、手助けの必要な人々が大勢いるのだ。

これに対して、一般の人々の間で暮らす借り上げ住宅の避難者は、個人情報保護の壁によって支援者たちから隠されており、自ら意志をもって支援の場に出ていかなければ助けを得ることはできない。しかしながらまた、様々な理由から避難者はそうした支援の場から隠れてもいる。そして、仮設住宅を見ながら、羨ましいと裏でこぼすことになるわけだが、この背後にはさらに、こうした支援にアクセスもできない県外避難者が存在する。

†世代間の分断

ところでこうした分断が無視できないのは、これら仮設住宅から出てくる声と、隠れて見えない避難者の声の差が、世代間の差を如実に反映し、一部世代の声のみが全体を代表するようなかたちになっているからだ。

原発避難者の思いとして、「早く帰りたい」「いつ帰れるのか」という声がメディアではよく取り上げられる。しかしながらこうした声をあげるのは基本的には高齢者たちで、三世代家族を念頭におけば、おじいさん・おばあさん世代だ。そしてこの世代が県内に残り、仮設住宅でもっとも多い層であることから、この声が住民を代表する意見として取り上げられ、自治体も政府もこれをもとに方針を決めている嫌いがある。

しかしながら、子供をもつ親世代は、なかなか帰る決断をすることはできない。原発事故で放出された放射性物質は、目に見えないながらも、明瞭に数値でその存在は確かめられる。ごく微量であり、健康には問題ないといわれても、一定量を超えれば確実に命を奪う物質だ。自分はともかく、子供たちをさらすわけにはいかないだろう。実際、若い世代の中には「もう自分は子供は産めない」と思い詰めている人も存在する。

さらにこうした放射性物質による汚染への感受性は女性の方が強い。女性は子供の身体を気にし、他方で男性は家計の存続を気にするので、しばしばそこでの意識差が家族を分断する。こうして一般的なケースとして、年寄りは仮設住宅に、母親と子供は県外に、そして父親のみが福島県内（主にいわき市）にとどまって家計を支えるといった形態が現れることになる。

†職業による分断

こうしてしばしば、仮設住宅に暮らす高齢者の声が一番目につくものとなり、多くの避難者は、「それは違う」と思いながらも声が出せずにいる。声が出ない理由はむろん、高齢者の発言に抗しがたい面があるからだが、他方で構造的な理由もありそうだ。というのも高齢者の多くは退職して自由に発言ができるのに対し、より若い世代には就業先との関係も絡み、なかなか声を出しにくい事情があるからだ。この仕事の面での違いも、人々の間に複雑な立場の差を生んでいる。

福島第一原発・第二原発がある双葉郡各町は、四〇年にわたる原発立地のもと、その産業構造が形成されていた。「東電さま」の存在は一企業を超えたものだった。そして、これらの産業に関わる人々の消費をベースに商業・サービス業が広く展開され、各種自営業者層も蓄積されていた。ここに暮らす働き盛りの人々は、仕事の中で、あるいは人々のつながりの中で、どこかで必ず電力との関係をもっていた。

もっともこうした「東電城下町」のような描き方は一面的である。北関東にも近いこの地域では、隣接するいわき市に大きな工業集積もあって、農林業・畜産・漁業のほか、様々な産業が立地する場所でもあった。原発がすべてでもなかった。

しかしながら原発事故は、この構造を、まさに原発一色に塗り替えることとなった。あらゆる産業が成り立たなくなったいま、事故処理以外の仕事は失われている。現場復旧、除染、賠償。この地に関わって生きていこうとする限り、人々は東電との関係を抜きにもはや暮らすことはできなくなってしまった。

こうした事情があるので、一方で事業者たちは、早期の原地復帰を強く望む声を、地元の政治ルートを通じてあげることになる。他方で、居住という面でいえば必ずしも早急な原地復帰を望んではおらず、できれば長期避難を選択したいが、一見矛盾したこの声は世間的にも分かりにくいものとなっている。加えて、脱／反原発運動に対しても、多くの人々は一線を画すことになる。原発避難者は避難を体験したのだから、みな脱原発の意識をもっているはずだと、運動側からはしばしば誤解されている。しかし事故後も原発を軸にシステムは変わらず存続しつづけており、その中で暮らす以上、人々はむしろ声をあげづらい立場にいる。脱原発に親和性があるのは、自主避難者や、ごく一部の強制避難者のみだ。多くの避難者は盛り上がる運動を前に、しばしば隠れるように避難をつづけている。

†社会的分断からの統合の難しさ――偏った声、偏った解

こうして、避難者は共通に原発事故という課題を抱えているのにもかかわらず、避難を通じて多重に分断されバラバラになっており、互いに意見をそろえることがきわめて難しい状況に置かれている。

今後、除染が進み、たとえ元の住居地に帰れる状況ができたとしても、一度壊れた地域社会は簡単には再生できない。人々の関係はいったん切れれば元通りにはならない。逆に避難先で新たなつながりも形成され始めている。また先述したように、進行する避難区域の再編は、場合によっては「隣の家は高線量で帰れないのに、わずかな違いでうちは帰らなければならない」といったような現実を地域の中に引き起こしつつある。事故後のプロセスは、進めば進むほど元の社会関係を解体していく方向にむかうようだ。

避難者たちは確かにつながりあい、助け合う必要がある。しかし、現実にそれぞれの事

情を考えれば、むしろ互いの立場の差異の方が際立つ。人々の再建は、こうした社会的分断を前提に、これを克服するかたちで進めねばならない。

ところで、この社会の再建は、ふつうに考えるなら分断からの再統合であり、新しい社会的統一への道であるべきだろう。絆もコミュニティも崩壊したいま、これを新たに再建することこそが目標になるはずだ。

だがここで気になるのは、システムの再建にとっては、もしかすると社会的分断の克服は必ずしも必要ではないかもしれないということである。そして現実にそのように事態が進行しつつあるように見える。むしろ、人々の分断・分裂は、あらゆる人々の声を小さなものに分解し、そこからシステム再建を早急に進めるのに都合のよい声だけを拾うために、上手に利用されている気配がある。つまりはこういうことだ。

二〇一一年末から二〇一二年にかけての政府の原発事故対応は、原地帰還や賠償を急ぎ、その内容よりもスピードを重視する方向へとシフトしてきた。しかもその内容は、多くの避難者の生活目線からすればきわめて違和感のあるものとなっている。安心・安全を確保しないままの避難問題収束への拙速な駆け込みは、再建からはほど遠いところに人々を導いているように見える。

しかしながら、先述のように、避難者の意見としては「早く帰りたい」「賠償を早くしろ」という声も確かにあり、そうした声がメディアなどにも広く拾われている限り、これに応えるのも確かに必要なことではあろう。それどころか、しばしば懇談会やアンケートなどを通じてもこうした声が示されており、これらの声が、なまじ民主的手続きを経て集められてもいるだけに、多くの避難者たちがこうした方向性に異論を唱えることができなくなっている点がやっかいだ。

システムの再建は確かに、これが近代システムである限り、民主的である必要がある。だが、民主的であるとはどういうことか。もちろん、分断された人々の分断を解きほぐし、共通解を導き出していくことこそが、理想的な民主的解決の道筋であるはずだ。しかしながら、それにはきわめて煩雑な手続きと、長い時間がかかるだろう。それに対し、多様な声の中から、システムの早期再建に必要な声のみを拾い出すこともまた、民主的な手続きを通して可能である。そしてどうも実際にそのように民主主義が機能している嫌いがある。

民主主義もまた、日本においては決して内発的なものではなく、外発的に取り入れられたものであることに注意しよう。そして民主主義に不可欠な多数決も選挙も、そしてまた対話型民主主義の手法である懇談会や有識者会議も、あるいは世論調査やアンケートも、すべて外から持ち込まれたものであり、そして考えてみれば、みな小さな周辺の声を抹殺する手段にもなりうるものだ。

事故から一年半以上がたった。しかし事態はまだ落ち着いておらず、むやみに対応を急ぐほど必要な変数を取りこぼし、再建から遠いものになる可能性が高いだろう。まだこの新しい事態に応えうるような、しっかりとした認識の視座はどこにも提示されていない。現在の政府が進めているように、見通しのないまま、ただプロセスだけを急ぐことは、事態をますます悪化させ、人々をさらに窮地に追い込むことになるだけだ。

だが、ようやく避難者の間でも、政府の動きを批判的に検証しながら、原発避難問題を解決するために必要な最低限の項目を明示できるようにもなってきた。我々は原発避難問題を今後、どのように考え、どのように解決へと導いていくべきなのだろうか。いま出ている政府の原発避難者対策の内容を批判的に検討し、その問題点を明らかにしてみたい。

4　誰がどのように解決すべき問題なのか

†政府のスタンス——賠償と除染と「仮の町」

二〇一二年七月、政府は福島復興再生基本方針を発表した。その内容をふまえつつ、実際に行われている政府各省庁の役割分担を念頭に置くなら、現在、政府で進行中の福島第一原発事故対策の骨格はおよそ次のようなものと理解できる（とくに基本方針策定に関わって開催された復興推進会議の第二回議事録〔二〇一二年五月一八日開催〕を参照）。

国の福島対策の中軸の一つは「賠償」である（文部科学省、資源エネルギー庁担当）。賠償については賠償基準を提示し、住民に分かりやすい説明を行うことが重要な課題とされている（すでに二〇一二年夏までに財物賠償まで基準発表済み）。

もう一つの軸が「除染」であり、担当は環境省だ。除染を行い、帰還可能となった地域から順に帰ってもらう。他方で、帰還が実現すれば賠償も終了し、事故も終わることになる。

だが事故から一年半以上が過ぎ、除染の効果はごく限定的なものでしかないことが判明してきた。高濃度に汚染された地域では、一定程度の除染はできてもそれ以上の効果はないようだ。

そのため区域再編を行い、短期間で戻れる地域には戻ってもらうが、長期に戻れない地域には自治体の領域の外に「町外コミュニティ」（いわゆる「仮の町」）の設置を検討する。これは復興庁が行うこととなっており、新聞報道ではその場所としていわき市の名がとくにあがっている。

もちろん、戻れる地域といっても、経済活動そのものが長期間ストップしており、またインフラの復旧にも時間が必要だから、すぐにというわけにもいかない。そこで「産業振興・雇用対策」に経済産業省と厚生労働省が取り組み、企業立地補助金がその目玉だが、その他様々な制度を開発して、被災地での産業振興を行う。また農地については、農林水産省が除染とともに試験栽培に取り組む。

こうした一連のスキームを見ていて感じるのは、「早期の原地帰還」が、国の対策のもっとも大きな柱となっていることである。生活再建も原地再建が基本であり、その他の選択肢は見あたらない。さらに問題なのは、健康対策がまるっきり抜け落ちている点だ。むしろ、安全性を国民に理解してもらうための「リスクコミュニケーション」の推進に施策のウェイトは置かれているようである。

福島第一原発事故は、家族を、コミュニティを、福島を、日本をズタズタに切り裂いた。人々の生活再建はどうなるのか。事故現場で失われつつある故郷は、今後も存続できるのか。これこそが本当の問題であるはずだ。

だが、今回の事故をめぐる議論は、以上のように賠償と除染に特化しており、あたかもこれらさえ進めば、地域の再建は可能だといわんばかりに、区域再編も行われてきた。だが、賠償では傷ついた心身も仕事も生活も戻らない。除染は完全にはできないし、たとえ除染されても、それだけでは多くの人々は戻れない。賠償と除染に限った議論立ては、かえって生活・地域の破壊につながるだろう。

†避難者側から見た原発事故問題

避難者の立場から、この問題の本当の解決スキームを描いてみるなら、次のようになるはずだ。

まずは生活再建である。生活再建は決して賠償とイコールではない。賠償は失ったものを償ってもらうことであって、生活再建とは別の次元にあるべきものだ。では生活再建とは何か。それはお金をもらうことではなく、これからどこに住み、どこで何をして働き、そして子供たちがどの学校に通うのか、である。要するに、崩壊してしまった人生設計を、今後、どんなものへと再現し、修正していけるのかである。

第二に地域再生である。たとえ原地帰還できないことを覚悟した人であっても、故郷を失うことには強い抵抗感がある。また放射性物質の影響が消えるまでには長い年月がかかるが、未来永劫つづくわけではない。原地には先祖の暮らした長い歴史と分厚い文化があり、これらはなくなったではすまされないものだ。だが今後、帰還可能となった中で、帰れない住民が相次げば、自治体の存続さえ問題化しかねない。他方で、いまは無理でも、第一原発の危険性が低まり、放射線も弱まれば、二〇年後三〇年後なら多くの人が帰れるかもしれない。

だが第三に、何より重要なのは心身の健康問題である。これはむろん、被曝した人々の身体の健康管理もある。だが、この問題もきわめてやっかいだ。今後数十年間、人々はガンなどの発病のリスクと向き合うことになる。一方で、安全であり許容範囲内であると発表されている放射性物質への被曝を前に、万が一発病した場合、事故との因果関係はどのように証明できるのか。他方で、人々は一生、健康被害が生じるリスクと付き合わなければならず、とくに子供たちは結婚や出産の際に、多くの心理的ストレスを抱えなければならない。被曝リスクは実際の身体への影響だけでなく、精神や人間関係にも深い影響を及ぼす。

生活再建、地域再生、心身の健康問題。これらは現在、国が示している対策では解けないものとなっている。ここに、国側から見た場合の問題解決のスキームと、避難者側から見た場合のそれとの最大の相違があるようだ。さらに重要なことは、この三つの課題は、どれか一つが欠けても意味がなくなるということだ。例えば、仮の町の設置を考えるにしても、そこに生活再建や健康問題を解決するスキームが絡まなければ、単なる大規模な復興住宅の設置に終わってしまうだろう。すでにいわれているように、仮の町が実現するためには、浜通り全体の長期にわたる都市計画が必要だし、また二重住民票（福島大学・今井照教授）の必要性も提唱されている。何より若い人たちに向けた健康問題克服のための態勢づくりが不可欠だ。

そのためにも省庁間をつなぐ政策横断的なフレーム形成が不可欠であり、そこに復興庁への期待もあるようだが、さらに問題なのは、国の中だけで連携を考えていても問題は解決しないという点にある。

というのも、広域システム災害は、国のみならず、経済界、専門家の他、多くの国民が協力しなければ解決できない問題だからである。さらには分断されているとはいえ、やはりその分断を超えて、避難者自身がつながり、エンパワーメントを図っていく必要がある。

原発避難問題を解決するためには要するに、汚染された地域と付き合う時間・空間の、長く広範囲にわたるマネジメントが必要であり、さらにそこに様々な主体が織りなす社会のマネジメントが重ならなければならない。だがこうしたことをつくりだす機構はいまのシステムの中にはない。もしこの事故から何かを学んだ人々が大勢いるのなら、そしてシステム強化だけを結実するようないまの動きに抗して共闘するのなら、それは従来の国や自治体が行ってきた政策形成の枠組みを超え、また従来の科学の領域を超えた問題設定の上で何かがなされていく必要がある。

これらのことがもつ意味は第5章、第6章でさらに検討するとして、ここではつづく議論のために、原発事故における科学とメディアの問題、そして避難者自身の問題についてもふれて、論点を広げておきたい。

†科学の役割、メディアの役割、避難者の役割

まず科学について。この原発事故においては、科学のあり方、その役割の見直しが非常に大きく問われてきた。このことはおそらく震災発生後、最初に出てきた「想定外」の言葉に象徴的であったはずだ。にもかかわらず、一年半以上たったいまでも、科学の枠組みそのものは何も変わらないままに見える。

例えば、避難区域再編の基準として使われている年間許容被曝線量二〇ミリシーベルトという数値。ここには自然科学系の議論は入っても、不安や不信、あるいは権力や支配、あるいは家族や組織性といったものを扱う心理学や社会学の議論は一切入っていない。すべては従来の枠組みのままだ。

また自然科学系の分野においてさえも、政策決定過程の中では、いまだにごく一部の限られた研究者の見解のみが優先されており、各学会の中でその意見がどう評価されているのかはしばしば等閑視されている。実際、例えば放射線被曝の影響については、どう考え

てもある一定のことから先は、科学的統一見解は「どこからどこまでは安全」ではなく、「分からない」であるはずなのだ。

リスクと付き合うということは、「分からない」未来と付き合うということである。だが科学はいつの間にか、「分かったこと」の記述にのみ専念し、実証的で、明確な、エヴィデンス（証拠）のあることだけが、科学であるかのようにふるまってきた。そして、「分からない」領域まで、「分かったこと」ですべて埋め尽くし、過去の経験のみから未来を決定しようとしてきた。そして結局、未来のリスクをもみつぶし、現在の安全のみが強調されて、以前と同じ状況に陥りつつあるようだ。すなわち、すでに様々なかたちで新しい安全神話が生まれている。事故は収束し、人々は帰還して問題はない。多少の放射線を浴びても健康には影響はない。しかしこれらもまた新たな安全詐欺になりかねない危険性をもつものだ。

科学のこうした枠組みそのものが、本来、この事故を通じて崩壊したはずだった。この枠組みはしかし、崩壊後もゾンビのように死体のままで我々の未来に口出しをつづけている。原発避難の被害者を救済するためには、科学領域そのもののあり方を、科学者・専門家自身が問いなおす必要がある。これは、科学領域の中で仕事をしている筆者自身の課題でもある。

そして加えて、避難者自身も分断を超えて、何かを作り上げていく努力が必要である。筆者はどこかで期待する。ここまで徹底した社会的分断は、かえってさらなる連帯の基礎につながっていくのではないか。

筆者らが組織した社会学広域避難研究会では、先述のように富岡町の人々と調査を通じて行き会い、いま、その人々が中心となってつくった組織、「とみおか子ども未来ネットワーク」の手伝いをしながら、その行く末を見守っている。富岡町のとくに三〇歳代・四〇歳代の人々が中心となって形成されたこのグループでは、福島県内各地の他、大阪、福井、静岡、千葉、栃木、東京などに支部を置き、この支部を拠点にして、二〇一二年七月から、避難者自身で生活再建や町の将来について語り合うタウンミーティングの開催を順次進めている。声なき声を、組織化を通じてまとめ上げながら、自分たちの世代だけでなく、まだ声をあげようがない子供たちや、その子供の子供たちまで視野に入れて、町の将来像を考え、提示していこうという試みだ。

分断された避難者たちも、一年半を超えてようやく落ち着きを取り戻し、自分たち自身を見つめ直す作業に入ろうとしている。「早く帰りたい」という断片的だが数多い声に対し、どうしたら故郷を失わずにすむのか、いかにしたらより多くの住民たちが「よかった」と思える生活再建のかたちを提示できるのか、そして不安な心身にどのように安心を取り戻せるのか、議論はまだ始まったばかりだ。例えば、こうした動きが成熟するのをしばらく待つことも、真の再建策の形成のためには必要ではないかと思う。

他方で、マスメディアなどでは現在でも、やはり目立つ被災者の声として、仮設住宅の、あるいは高齢者たちの声を取り上げつづけている。それどころか、「世間の目があるのだから」「いつまでやってるんだ」「どうせ福島には住めない」「元の土地でなくてもよいだろう」「がれきが追っかけてくる」「放射能がうつる」——こうした心ない言葉についても、意見表明をするのは個人の権利だといわんばかりに垂れ流しにしてきた。

福島第一原発事故は広域システム災害である。ここには東電や国だけでなく、国民全体が深く関わっている。それゆえその解決スキームを国民全体で理解し、またそれに国民全体で取り組んでいく以外に、被災者の救われる道はない。にもかかわらず、どこかですでに多くの国民の間には他人事感が形成されてしまっている。その根幹には、この震災・事故が一体どういう意味があるのか、一つ一つの事象に何が隠されているのか、十分に解析できない科学界と、またそれを十分に察知し、報道できないジャーナリズムの無力さもありそうだ。

ところで、こうした広域システム災害がもたらす復興局面での課題は、原発事故の中だけで生じているものではない。このことにもさらに注意を向ける必要がある。同じことはかたちは変われど津波被災地でも起きている。ここにもまた広域システムの特徴が現れており、しかもそれが生活再建や地域社会の存続にとって、やはり非常に難しい事態に結びついている現実がある。

次の第5章では、再び津波被災地にも立ち戻って、いま生じている復興期の課題を眺めてみたい。そこにもまた被災者の分断と〈中心―周辺〉問題があり、そしてここにも科学とメディアが深く関わっているのを見るだろう。

第 5 章

復興と支援

1　復興の遅れは問題か

†野田村への再訪

二〇一二年一月一八日、九カ月ぶりに岩手県野田村を訪れた。この間、筆者は電子メール上で弘前や八戸から、そしてまた関西からの支援の動きがつづいているのは知っていた。だが東京からは野田村はあまりに遠く、筆者自身はなかなか行くことができなかった。震災当初、ここが支援の過疎になるのではないかと、渥美教授らが心配したのも離れてみればうなずける。

かつて一緒に野田に通った弘前大学時代の学生、三上真史君と八戸市で合流し、一緒に車で野田に向かった。津波のあとを確かめながら海岸に沿って走る。

久慈市の市街地からバイパスを抜け、トンネルで山を越えて、海側へとおりていく道から市街地に入っていくと丁字路にぶつかる。二〇一一年三月末に初めて訪れた時、この場所に警官が立っていたのを思い出す。泥に覆われた当時の状況からすると、すでにがれきは片付けられ、ずいぶんきれいになっていた。だが——。

事前に聞いていたものの、その情景はあまりにも被災直後と同じだった。ただ、がれきがなくなっただけ。いくつかの店舗再開は確かめられるが、それも床上浸水止まりだった場所。建物が流されたところは、仮設の店舗がいくつかあるのみであった。

三上君は多くの人と知り合いになっていた。そのうちの一人を、仮設住宅の一室に訪ねた。Aさんは野田の町で飲食業を経営していたが、店も自宅も流されたという。震災から九カ月の時点でこう語っていた。

「本当は野田の町の同じところで店を再開したいんだ。だが、復興にはまだ三年かかるんだと。実は親が高齢でそんなに長くはないわけだ。二年も三年もかかるのでは、仮設住宅で死なせるわけにはいかない。この四月には別の場所に土地を用意して再建しようかと思っている。」

野田村の復興計画では、なぎ倒された堤防を数メートル高くして再建することになっている。さらに沿岸を走るバイパスも盛り土して第二の堤防とし、また役場前の浸水地域を二メートルかさ上げして、同じような津波が生じても今度は浸水しないよう、ハードの整備が進められることになっている。

小さな野田村にとっては考えられないような大土木工事である。順調に事業が進んでも二年はかかる。それも国や県から予算が付き、執行されるのが前提で、村独自では到底できない。

時間のかかる復興は、生活のサイクルとはあわない部分も出てくる。何年もかかるのでは、その間ずっと避難しつづけなければならない。復興が進まない苛立ちが人々の間でつのっていた。

†復興を問いなおす

だが、野田はまだ進んでいる方だったのだ。

この日、我々は野田村からさらに宮古市まで南下した。普代村、田野畑村、岩泉町(小本)をすぎ、山道と海岸を上がり下がりして行くと、何度目かの坂を下った先に例の宮古市田老町が見えてくる。

夕方近くになっていたがまだ陽は十分に残っていた。天気もよく、寒い日ではない。しかし――人がいない。がれきはすべて片付き、以前に見た、骨組みだけになっていた鉄筋の建物は跡形もなくなっていた。だが、そこで時が止まってしまったかのようだ。

この半年、福島の現場に付き合ってきた筆者は、福島の人たちから、しばしばこう聞かされてきた。「津波被災地はまだいい。その日から復興だ。福島は時間が止まっている」。

だが時が止まっているのは津波被災地も同じなのだ。それどころか、人のいない情景は、「死の町」とされた原発避難地帯とそれほど大きな隔たりはないように思われた。

被災地の復興をめぐっては、なかなか進まない復興にこれまで様々な批判が向けられてきた。

確かに、例えば一九九五年阪神淡路大震災の時と比べればその遅さは明瞭だ。阪神では仮設住宅ができるまでに約二カ月かかったのに対し、東日本大震災では六カ月がたっている。もちろんここには災害の規模の差がある。加えて、一九九五年はまだバブル崩壊後で、経済の余力もあった。

だが、遅いのはそれだけで説明がつくものだろうか。いや、そもそも遅れは問題なのか。これだけの大災害なのだから、遅いのは当然ともいえる。復興の遅れを批判するよりも、その遅さが何を意味しているのか、その内実を解明し、それをどう受け止め、どう対処するかを考えることの方が大切なのではないか。

考える手がかりの一つは、この災害が広域システム災害だという点だ。広域システムの回復を待つには当然時間がかかる。だから時間がかかっていること自体は、いわば仕方のないことだ。被災者個々はじっと状況を耐えるしかない。そして重要なのは国民全体でこの事態をしっかりと受け止め、長期・広域にわたる支援体制を確立し、時間はかかっても着実な復興が実現できるよう、その見通しを示してあげることだ。

だが現実には、広域システムは、被災地の復興を支え、しっかり見守るよりは、むしろ地道な復興を阻害し、急がせ、場合によってはその基盤をも破壊するものとなっているようだ。そしてそこにはどうも、広域システム特有の〈中心―周辺〉問題が絡んでいるように思われる。

ここではまず、原発避難と津波被害からの復興をめぐって、現場で生じていた問題をいくつかの事例から示し、被災地の復興に関わる現状を問いなおしてみたい。その上で、支援の現場で何が起きているのかについても検討していこう。

2 「仮の町」報道をめぐって

†報道の虚実

二〇一二年四月一〇日、首都大学東京の大学院生・吉田耕平氏とともに、会津若松市にいた。大熊町の仮役場を訪ねるためである。

当時、避難区域の三区分と賠償をめぐる交渉が、避難自治体と政府の間で進んでいた。その中で「仮の町」をめぐる報道がさかんになされ、事態が混沌とし始めていた。大熊町を訪ねたのは、その現状を探るためであった。

当時のメディアは、大熊町の状況を次のように伝えていた。

大熊町では区域再編の結果、長期的に帰還が困難になる地域が広範囲に出てくる。そのため、避難自治体では「仮の町」の検討が進んでいる。仮の町とは、町外に長期的な仮の市街地を形成しようというもので、検討しているのは、浪江町、双葉町、大熊町、富岡町であり、大熊町はその筆頭ともされていた。

だが、同じく仮の町を進めていると報じられていた富岡町では、実は全く検討もされていなかった。というのも「仮の町」は、語の意味合いから、元の町を離れ、帰還をあきらめるかのようなニュアンスを醸しており、町民から強い反発があったためである。一部ではむしろ「セカンドタウン」の語の方が事態にふさわしいものとして使われていたが、それとて何か実際の動きがあったわけでもなかった。

これに対し、大熊町では率先して「仮の町」づくりを進めているとの報道が流れていた。それどころか、次のように印象づけられてさえいた。大熊町では放射線量の高さから帰還をあきらめ、全町域を帰還困難区域とするよう政府に求めており、場合によっては中間貯蔵施設を受け入れて、町外に仮の町を確保する――そんな姿勢を固めたかのように筆者は受け止めていた。筆者の周りの関係者もみなそう感じていた。その真意はどこにあるのか、問いただすのがこの訪問の目的だった。

行ってみると挨拶も早々に、「いや、困ってるんだ」と役場職員が切り出す。我々が質問しないまま、驚くべき事実を話し始めた。

「新聞にまたやられた。うちは仮の町なんて言ってないんだよ。これを見てくれ」と取り出したのは、『第一次大熊町復興計画（素案）』。これをもとに近く説明会を開催し、内容を詰めていく予定であったという。しかしその矢先、書いてもいない「仮の町」の構想を大熊町が固めたと報道され、住民対応が大変だったとこぼす。「ああやって書かれると、住民に説明するのにまた時間がかかる。いったんできた印象をくつがえすのは容易ではない。こういうことが、ずっとつづいているんだ」。報道ではしかも仮の町の設置場所を「いわき市」とはっきり明示していた。そのためいわき市から抗議も出ていたがこれも問題だという。

実際に素案を見てみると、確かにこう書いてある。「ニュー大熊町」「いわき市周辺」。だがその真意はこうだ。

まず「いわき市」ではなく、わざわざ「周辺」と書いてある。まだ何も煮詰まったものではないから慎重に「周辺」と入れたのである。さらにこう言う。「我々は、最終的には大熊に帰るつもりだ。わずかだが放射線量の低い地域がある。そこを順に除染をしながら町の機能の一部を置き、線量が下がるのをまって順に帰還していくことを提案している」。だから、帰らないようなニュアンスをもつ「仮の町」報道は大変困るわけだ。

そして、元の町に拠点を築いた上で、「新大熊町」を別に——要するに、「仮の町」としてつくるのではなく、元の町と同時に新しい町をダブルで——用意しようという話だという。

「帰ると言ったって、大熊町では線量が低いところはわずかだ。すぐに全員が帰れるわけではない。町外に別の地域を設けて、そこと元の町を結びながら、再建を期すアイディアだ」。となると、これはまさに、富岡町で出ているセカンドタウンと同じものである。セカンドタウン構想とは端的にいえば、富岡町をファーストタウンとした上で、若い人を含め、みながすぐに戻れるわけはないので、町の外の放射線量の低い場所においたセカンドタウンに拠点を構えて、やはり順を追って帰還を考えていこうというものだ（この構想は、『「原発避難直後、富岡町の避難に関係した人々が考えて文書化していたもので、山下・開沼編『原発避難』論』にも紹介した）。浪江町もまた、「町外コミュニティ」の語を使い、慎重に「仮の町」の語を避けている。「仮の町」という言葉に振り回されていたのは、富岡町だけではなかったのである。

だが、そうであるとすれば当然疑問はわく。では、大熊町がすべてを帰還困難区域にし、中間貯蔵施設を受け入れるという話はどうなのだろうか。

「あれも困った話だ」。誤報なのだという。「我々は帰るつもりの計画。中間貯蔵施設を受け入れるわけはない」。

要するに、大熊町をめぐる一連の報道は、まるっきりマスコミが作り上げた虚構だったのだ。「仮の町」の語の出所は双葉町。双葉町では確かにこの語を使っている。しかし他で正式にこの言葉を使っているところはない。実際に報道が出てから、各地で住民からの問い合わせが殺到したという。だが当時の各役場でそんなことを検討していた事実はない。とはいっても新聞に出た以上、多くの住民は、役場の方が事実を隠していると疑うだろう。

†合併をめぐる議論の真相

こうしてみると、この前後に報道された、平野達男復興大臣が渡辺敬夫いわき市長に挨拶に行き、「仮の町をぜひいわきにお願いします」とやったりしたのも、避難自治体の代弁とはいいがたいわけだ。しかもこの時、渡辺市長は、「原発避難者は賠償金をもらって、働かず、パチンコ店も満員だ」と発言し、それを新聞にすっぱ抜かれている。もっともこの報道は、市長批判につながるよりも、むしろ避難者批判の世論形成につながり、その後、七月に出された賠償基準の決定にまで影響した。だが、こうなってくるとその発言の真偽さえも怪しい。

というのも、実はこれまでにもその後にも、似たようなかたちで誤報が誤報をつくり、やがてはそうした誤報群が、むしろ現実を構成していくという過程が再三見られたからである。

例えばこの直後、同様に報道されて事実のようになってしまったものに、合併問題をめぐる被災地の動向がある。

二〇一二年五月、富岡町が合併を検討しているとのニュースが流れた。ある新聞では、避難自治体の各町村長のインタビューまで行い、富岡町が提案する合併案に賛成か反対かという意見分布までつけてしまったため、世間に「富岡町は合併推進再先鋒」との印象を植え付けてしまった。だが富岡町では反対に、「合併だけは阻止しよう」という論理で進めていたのである。実態は、議会の質問で「合併」という語が出たにすぎず、確かに町長は「合併」の語に言及したが、合併を進めるとは言っていない。だが、「合併の語に言及」が次の報道では「合併を検討している富岡町」になってしまった。多くの町民にとっては新聞こそが重要な情報源だから、いまでもこの時の報道を信じている人は少なくないだろう。

　こうしたマスコミの誤情報と怪情報の氾濫はこの時に始まったものではなく、避難の初期からあり、そのたびに各役場の業務はストップしてきた。町民からの電話が殺到するからだ。政府の動きもすべて報道で知る。「知らないわけはないだろ」と町民から怒鳴られるが、実際に知らないのだ。二〇一二年三月から、富岡町では、数百万円の予算を付けてコールセンターを設置している。でなければ業務が止まってしまうからである。

　だがコールセンターをおいても報道はくつがえらない。まして住民は広域避難をし、避難自治体は住民たちに真意を伝える方法はない。自治体同士も県内外にバラバラに立地しているから、首長たちを除くと日頃会うことはない。きわめて限られたコミュニケーション状況の中で、情報網の中心にいるマスメディアに人々は踊らされている。それどころか、このコミュニケーション状況は、避難者たちにとって最悪の結果に帰結しかねないものとなりつつある。

　基本的にどの自治体にとっても、次のようなシナリオはもっとも避けたいものである。帰れる場所・帰れない場所で町が分断され、帰れない場所については元の町を捨てて「仮の町」のような新しい居住地を設置し、そこに希望者を収容する。人口は減るので複数町村で合併。かわりに帰れない場所には中間貯蔵施設を置き、そこからの税収で新自治体を維持する。むろん帰れる場所は帰らせるが、その横には事故処理がつづく傷ついた原発と、放射性物質を集めた中間貯蔵施設（おそらく最終処分場になる）がある。

このシナリオでは帰りたい人も帰れないし、帰る人も帰りたくて帰るのではない。帰る人も帰れない人もともに地獄を見ることになる。結局、人々は原発事故によって故郷を永久に失うことになりかねない。被災者の間には様々な異論が飛び交っているが、しかしそのほとんどがこうした故郷喪失の可能性を何とか阻止しようともがいているものばかりだ。にもかかわらず、マスコミの手によって、その最悪の結果を自ら選び取らざるをえない雰囲気に追い込まれ、そして政府もその方向を「地元からの声」と受け止めて、積極的に推進しかねない情勢にある。

むろん一人一人の記者は、筆者が出会った限り、まともな人ばかりだ。しかしメディア全体となると、どこまで本当なのか分からない、亡霊のような情報が氾濫している。しかもそれが、たとえ間違ったものであっても、誰にも責任を問えない状態のまま、時間がたつにつれて真実に置き換わっていく。何か悪い夢を見ているようだ。

3　津波被災地の都市再生と高台移転

†石巻市の被害状況

二〇一二年八月、筆者はどうしても一度、津波被災地の現状をしっかり確認したいと思い、無理を承知で石巻《いしのまき》市役所を訪ねることにした。第2章でも説明を残しておいた石巻市だが、ここは今回の震災ではきわめて象徴的な場所だ。

まずは三五〇〇人以上もの死者・行方不明者を出し、自治体別にみれば今回の震災で最大の犠牲者数を記録している点が重要である。そして、三陸沿岸の超巨大津波地帯と、仙台平野の都市型津波地帯との境目に石巻市はある。ここには複数の質の異なる災害が折り重なっている。

問い合わせると快くヒアリングを受けていただき、詳細な説明を聞くことができた。もっともここで生じている複雑な問題を解読するには、一日やそこらの調査では無理だ。それでも本書に関わる要点だけは拾い出しておこう（数値などはヒアリング時）。

まずは石巻市の置かれた被災の現実を理解することから始めよう。

石巻市は二〇〇五年四月、旧石巻市と河北町、雄勝町《おがつちょう》、河南町《かなんちょう》、桃生町《ものうちょう》、北上町《きたかみまち》、牡鹿《おしか》町《ちょう》の一市六町の合併により誕生した。人口約一六万人となった石巻市は、二つの半島を含み、北上川沿いにも町を連ねた、今回の平成三陸大津波の被災地では、八戸市、仙台市、いわき市に次いでもっとも大きな自治体の一つである。

平成の大津波は、石巻の市街地をはじめ、河北、北上、雄勝、牡鹿の各地を襲い、多くの被害を出した。震災後の人口は一五万人台まで減少している。各地の被害状況をざっと確認しよう。

まず、旧石巻市の市街地（本庁地区）がほぼ全域浸水しており、平地の都市型津波災害の様相を呈している。石巻市全体で、浸水面積七三平方キロ。七四〇〇〇棟あった住家のうち七割が被害を受け、その多くを市街地が占めている。波そのものの高さ・威力は三陸リアス式の沿岸ほどではなく、建物も多くが残っているが、平地のために広く冠水した。そしてこの人口密集地帯への津波は、死者・行方不明者二五〇〇人近くという考えられないほどの犠牲者につながった。

石巻市街地以外の被害も大きい。旧自治体別に見れば、死者・行方不明者はまず旧北上町で二六五人、旧河北町で四五七人。ここでは北上川河口に広がる住宅街が広く流された。

その中に七四人の犠牲者を出した大川小学校もある。考えてみれば、北上川こそ、三陸海岸の南端に現れる最大の巨大河川である。河口部から遡った水が堤防を越えてあふれ、河口に開けた平地に置かれた住居・施設を破壊し、多くの命を奪った。

加えて、岩手と同様の、いわゆる三陸沿岸型の巨大津波災害も発生していた。牡鹿半島に展開する旧牡鹿町、またもう一つの半島地域であった旧雄勝町では、海岸にあった集落がことごとく流された。とくに旧雄勝町では、中心集落であった市街地域（上雄勝、下雄勝など）が壊滅的な被害を受けている。住家の他、総合支所、病院、学校といった施設が水につかり、ほぼあらゆるものが流されてしまった。旧牡鹿町の死者・行方不明者は一一四名、また旧雄勝町では二三六名となっている。

†津波都市の復興の難しさ

だが注意すべきは、被害の甚大さだけではない。こうした被害から復旧復興していくことの難しさだ。石巻市の現状は広域システム災害の特徴を如実に示している。ヒアリングで出てきた内容をただ淡々と並べてみるだけでも、復興をめぐる課題がきわめて複雑化しており、一筋縄ではいかない状況にあることが分かるだろう。

まず生じた災害がれきが六二九万トン。これは本来の処理量からすると一〇〇年分にあたるという。市内二一カ所に九〇ヘクタールの土地を確保して、それでもまだ六割ほどしか搬入できていない。これを最終処分するまで計画上三年かかる（二〇一四年三月まで）。インフラの復旧も問題で、上下水道はどこでも震災直後の緊急課題であったが、地盤沈下がさらに状況を複雑にしている。市街地でも最大七八センチメートル下がってしまい、九二台の応急ポンプで常時汲み上げていて、これだけでも年間数億円の経費がかかる。また市街地と本来セットであった旧北上川が今回あふれて大きな被害を引き起こしたが、この川は無堤の河川であり、堤防を付けるとなると橋一つ付け替えるだけでも大変な作業になる。そもそも市道だけでも三〇〇キロを直す必要があるといい、生活基盤の基本を立て直すだけですでに気の遠くなるような話になっている。

だがむろん、急ぐのはこれだけではない。港湾の設備（石巻港他の港湾施設とともに四四の漁港、水産物地方卸売市場、水産加工団地など）が破壊され、また市街地の中心商店街も浸水してしまったいま、産業復旧に相当の手をかけねばならないが、さらにまたやっかいなのが住宅復旧だ。

災害公営住宅を二〇一四年度までに市全体で四〇〇〇戸整備する計画だが、それを建てる土地がない。そもそも市内に三〇〇カ所あった避難所を二〇一一年一二月までかかってやっと仮設住宅に移したが、公共用地はすでにこれにあてられてしまい、市街地で用意する三〇〇〇戸分の災害公営住宅のうち、まだ半分くらいまでしか目処がついていない。

　さらに難しいのは、北上川河口や半島などの旧石巻市以外の地域からも、土地がないために市街地の方に多くの人々が避難しており、しかも引きつづき市街地近くでの住宅再建を望む声が大きいことだ。しかし市街地でも、海側でもっとも被害の大きかった二地域について防災集団移転を進めており、それだけで三三〇〇世帯もあってその実現そのものが大きな課題だ。

　これに加えて半島部では六〇以上もの集落が被害を受け、計四八カ所の防災集団移転が計画され、これらはすべて高台移転で進めることになっている。その際しかも、合併はしながらも、旧市と各旧町の間の条件の差が大きく、建築制限をかける際の浸水高の基準でダブルスタンダードを設けている。今後とも住民の理解を得るには大きな困難が伴うだろう。

　ところが話を聞いて、これら以上にあらためてこの災害のすさまじさを思い知ったのは、次のことだった。

　五〇〇名に近い行方不明者の捜索がまだつづいている。この数値は自治体単位では最大である。注意すべきなのは、見つかった人々でさえ、実はどこで被災したのかいまだによく分からないということだ。津波が生じたのは昼間。市街地に働きに来たり、市街地から用事で出たりと、とくに自家用車を使って人々が移動していた時間帯である。さらに津波は遺体を移動させてしまって、身元が確認できても、どういう状況で亡くなったのか分からない事例が多い。広域システムにおける広域移動中の災害という、都市型災害の特徴がここにあらわれている。

だが加えて筆者が何より問題だと感じたのは、被災自治体がこうしたきわめて解決しにくい課題を抱えて奔走している一方で、避難生活をつづけている住民の中にはそのことを十分に理解せずに、ややもすると依存的な状態が当然であるかのようにふるまう人々が数多く見られることである。「いったいいつできるんだ。早くしてほしい」といった声に堪えながら職員は仕事をしているのだが、その職員自身が被災者であったりもする。しかも小さな地域であれば住民の側からもそれが見えるのだが、なまじ巨大自治体になってしまったことで、行政の中身が非常に見えにくくなっている。これもまた広域システムの抱える問題を表すものといえるだろう。

†半島地域の復興をめぐって

状況はまだまださらに複雑だが、ここでいったんやめよう。以上は市街地を中心とした話で、さらに河口部や半島部に目を向ければ、また別の複雑な事情が展開していた。

この日の調査には、神戸市に本拠を置く災害復興まちづくり支援の市民団体、まち・コミュニケーション代表の宮定章《みやさだあきら》氏も同席してくれた。宮定氏は阪神淡路大震災後の神戸市のまちづくり支援では定評のある、通称「まち・コミ」の代表を二〇〇二年からつとめ、阪神淡路大震災時に大きな被害を受けた神戸市御菅地区の復興土地区画整理事業に関わる研究で神戸大学で博士号を取得している。その後、石巻市雄勝町に、復興まちづくりの支援のため入っていた。筆者もかつて、菅磨志保《すがましほ》氏（関西大学准教授）とともに阪神淡路大震災時のボランティアについて研究したことがある。菅氏の縁で宮定氏に旧雄勝町の状況を案内してもらい、半島でのさらにまた難しい実態を目の当たりにした。

そもそも宮城県の被災地の北部で、被災地の復興をめぐって不穏な状況が生まれつつあることは、報道や学会報告、その他、様々なかたちで漏れ聞こえてはいた。例えば、気仙沼市では市街地に計画されている七・二メートルの巨大防潮堤計画の是非をめぐって地域住民や業界団体、著名人なども合流して勉強会が始まっていた。南三陸町でも、巨大堤防・高台移転ありきの行政の進め方と、住民の意識との間に大きなズレが生じていることは聞いていた。そもそも各地の復興は、それぞれの事情にあうかたちで進められるべきなのに、防潮堤（堤防）プラス高台移転ですべてが決定されていく復興計画には識者の間から早くから反発の声があがっていた（室﨑益輝「「高台移転」は誤りだ」など）。

先の石巻市役所での説明は、半島部の復興は高台移転を前提としながらも、跡地利用は柔軟に進められるとあってソフトな印象を受けた。それに対し、報道等では雄勝地区の高台移転をめぐっては住民から反発も出ているとの情報もあった。いったい何が起きているのか。国や行政が、ハードありきで住民に巨大公共事業をごり押ししているのか。だが、事態はそんなことよりもさらに複雑だった。雄勝の事例については宮定氏自身がすでに報告を重ねているから、それに従いつつ、筆者の解釈も付け加えて説明を試みよう。

旧雄勝町は中心市街地のあるちょっとした平野部と、半島に点在する十数カ所の浜からなる。雄勝町雄勝地区はこのうち中心市街地を含む六集落からなる。約六〇〇世帯がここに暮らしていた。ここでも復興はすべて、防災集団移転促進事業を活用した高台移転として進められており、二〇一二年六月までに、全部で一九ある集落のうち、すでにそのほとんどが集団移転を決め、残るはごく一部の集落だけとなっていた。

そのうちの一つ、下雄勝の住民で、「雄勝町の雄勝地区を考える会」事務局長をつとめる阿部晃成《あきなり》氏を宮定氏に紹介された。彼はまだ二〇歳代の青年。二〇一一年一二月に開催された市の高台移転の説明会で、浜の集落と中心市街地との立場の違いを実感して、中心市街地の意見をつくっていく必要性から、地区住民に呼びかけて会を設立した。何回も会合を重ね、高台移転ではなく、集落に近い山を削り、かさ上げを併用して、できるだけ海に近いところで再建できる案を作成し、市に提出していた。

しかしながら会の結成から半年たった二〇一二年六月一七日、防災集団移転の合意がとれなかった下雄勝で事態が一気に進むこととなる。この日、震災後初の地区総会が開かれた。震災後初というのは、ほぼ全戸が流された下雄勝では住民が町外に避難し、この間一度も集まることができなかったからである。浜の集落は比較的まとまって避難をしていたのに対し、戸数の多い中心市街地住民は各地に散在していた。また浜の方ではすべてが壊滅したわけではなく、山裾に宅地をおいて津波を逃れた家も多かった。すべてを流された市街地とは事情が大きく違うわけである。この日も一〇二世帯中五四世帯が集まったのみだったが、しかし、この集まった人々の間で急遽、多数決がとられ、賛成者多数で防災集団移転促進事業の同意がとられたかたちとなった。

この日の地区総会の様子は、FNN仙台放送スーパーニュースが取材報道し（二〇一二年六月二七日放送）、宮定氏も分析しているので、その内容を書き出してみよう。

この時の石巻市雄勝総合支所の説明は次のようにまとめられる。下雄勝だけでも二十数人が亡くなっており、そういうところに今後も人を住まわせるわけにはいかない。事業を実施できれば、浸水域は市の方で買い取りができる。しかしそのためには事業への同意が必要となる。むろん移転の跡地には居住はできなくなる。

また阿部氏らのかさ上げ案についても、支所側から問題点が指摘された。かさ上げ案は、意見をまとめ事業を進めるのに相当な時間がかかる。すでに石巻市では、津波の浸水域には住宅は建てない方針になっているので（筆者注――石巻市街地は除く。先述のダブルスタンダード）、下雄勝に戻るなら高台への集団移転しかない。

震災から一年半がたち、雄勝で死にたいという高齢者がいっぱいいる。その死に場所をつくる必要があると支所はいう。「ただ間違いなくいえることは、早く（結論を）出さないと、我々が忘れ去られるということです」。

ここで示されている総合支所の姿勢は、代替案に対してかなり強硬な拒否を提示しているように見える。だが重要なことはどうも、案の良し悪しではなく、事業着工までの「早さ」にあるようだ。

†高台移転の何が問題か

宮定氏によると問題の構図はさらに次のように整理できるという。

本来、防災集団移転事業は任意事業である。にもかかわらず、住民には、防災集団移転に参加するかしないかの選択肢しかなくなっており、参加しない場合には全体の事業に反対しているかのようになり、このことが住民間の摩擦を引き起こしているという。結果として、防災集団移転による高台移転に参加しない住民は、この地域に住むことすらできない状況に追い込まれることになる。

しかし高台移転にはどのような問題があるのだろうか。阿部氏によれば、高台移転には、進め方だけでなく、内容的にも無理があるという。

阿部氏らのグループで、二〇一二年二月に住民アンケートをとったところ、雄勝には三割ぐらいしか帰ってこないという結果が出た。そもそも雄勝にはいまほとんど住む場所がないので、雄勝を離れて、石巻周辺や県外の仮設住宅／借り上げ住宅に散在している。こうした人々の中には都会の生活に慣れ、戻らない方を選択する人が増えているのだという。

また高台移転の場所も問題だ。実際、筆者も移転先となる原地区に行ってみたが、海で暮らしていた人が住むところではないのは明白だ。湾から硯上山《けんじょうさん》に向かい、雄勝峠の方へと山道をあがっていくと、約三キロくらいのところに森林公園がある。その周辺が主な移転先だ。ここにいま仮設住宅も置かれているが、湾から遠く、海は全く見えない。ここに移るのでは確かに地域再建ではなく、単に元の集落の近くに住める土地を探しただけということになりそうだ。これでは雄勝に戻る意味はなく、金銭的に余裕がある人は、わざわざ住まないだろう。どうせ戻る世帯も少ないのなら、無理に防災集団移転ではなく、かさ上げをして海の近くに住みたいというのは、住民側からすれば当然ありうる選択肢になる。

しかしなぜ行政は一つの答えに執着してしまうのだろうか。筆者は当初、石巻市に合併したことで、旧町の住民が冷たい仕打ちを受けているのかとも思ったのだが、実際には右に見たように本庁は市街地で手一杯でとても各支所にまで手はまわらない。対等合併なのでむしろ各支所の判断でというのが基本姿勢のようだ。各支所には震災を機に合併前の職員も戻っているので、事情もよく分かっている。そして一見、自己破滅に進んでいるかのような高台移転だが、住民たちの意志をまるっきり無視したものでもないようなのだ。むしろこれもまた住民の意見を反映したものである。ただ、ある一方向だけの意見が強い力をもち、別の意見をはねのけて強く舵を切っているところにことの本質はありそうだ。そしてこうした状況は、雄勝に限らず、テーマやコミュニティが多少異なりながらも、今回の津波被災地全般に見られるもののようだ。ここにはやはり、構造的な問題を指摘する必要がある。少なくとも次の三点に注目し、この事態の意味を推察しておこう。

†再生をめぐるジレンマ

まず第一に、地方自治体に復興をめぐる大きなジレンマが存在する。

今回の震災では、復興予算に対する各県の獲得合戦が展開されたが、市町村レベルで見ても、予算取りに関わる互いの競争がこうした拙速な決定の背後にはありそうだ。被災地域では、自らの財政だけでは復興できないことへの焦りと、時間がたつにつれて「忘れ去られる恐怖」が強い。事業採択には住民の合意や参加が付帯条件とされるものが多いが、住民の完全な合意を待っていたら復興に「乗り遅れる」かもしれない。速やかに事業を開始することこそが住民のためだという判断は、それはそれで分からないものではない。

もっとも今回の震災では、二〇兆円を超える復興財源が確保されることになっており、時間をとってじっくり議論をしても十分間に合うようにも思える。実際そのように主張する関係者もいる。しかしまた他方で、この復興予算に群がって、この一年、様々な勢力が横取りをしていたのも事実のようだ。また復興をめぐっては、建築制限の年限などの制度的縛りもある。各地の復興計画もこうした事情の中で急ぎ作成され、また住民の合意形成も急がれた。三陸新報（二〇一二年七月七日付）が伝える気仙沼の防潮堤計画に関する村井嘉浩・宮城県知事の発言は、この状況を吐露したものとして注目すべきだ。「国の復興財源には限りがある。気仙沼だけ住民全員の合意を待ち、取り残されることがあってはならない。いま造らないと、どんな理由があっても造れなくなる」。だがこれでは住民の合意は必要なく、事業さえ獲得すればよいといっているのにも等しい。では、何のための誰のための復興なのか。

そして結局、こうして強引に進めても、本当の意味で住民の合意形成が確認されたのではないから、住民の間には行政不信や遺恨が生じるだけでなく、計画内容が住民生活の実情に矛盾している場合には、せっかく巨額の資本を投じて行った事業に住民自身がついてこないという事態にもなりかねない。

だがジレンマはそれだけではない。第二に、ジレンマは住民の間にも存在する。そしてこれが実は、最大の問題なのかもしれないのである。

今回、復興事業を急ぐ背景には、一方で、住民側の「復興を急げ」「国は／行政は何をやっているんだ」という声が存在するのは確かだ。自治体はそうした声に応えているだけともいえる。先の阿部氏のグループから出た代替案は確かに住民の意見だが、これもごく一部を代表するものでしかない。しかし、では、「住民」とはいったい何だろうか。

こうして津波被災地でも、第4章で原発避難についてふれたことと同じ問題が生じていることに気づく。取り上げられる住民の声は、やはり大きく目立つ声だ。それは仮設住宅の人々の声であり、あるいはまた地域権力構造にしっかりとコミットしている人々の声である。後者にはまた、一般に土木建設業に関わり、公共事業とつながっている人が多い。

こうした人々からは確かに、残りの人生を少しでも楽に過ごせるよう、あるいは地元の雇用を少しでも確保できるよう、「早くしてほしい」「早く事業をつけてほしい」という言い方がなされる。しかしながら、こうした声に従っていくと、多くの人は再建できなくなる。なぜならこうした声はしばしば独りよがりで、とくに若い人々の意見は入らず、地域の次世代継承に思いが至らないからだ。高齢者が自分の代のことだけを念頭において議論し決定を行うならば、その社会はごく短い間に滅びてしまうだろう。

さらに次の点も重要だ。住民の間では、大津波による強いショックが冷静な判断を阻害している。とくに当初は、「もうこんなところに住みたくない」と多くの人が思ったはずだ。しかし時間がたち、冷静になってくれば考えも変わる。千年に一度の津波であれば、これを最大値として、逃げたり避けたりする防災（減災）も射程に入れられる。必ずしも巨大防潮堤や高台移転だけが、人の命を救う唯一の選択肢ではない。そもそも防災を徹底したのはよいが、結果としてそこに人が住まないのでは話にならない。

そして第三に、先の原発避難と同様に、ここでもまた専門家やマスコミが深く絡んでいる。しかもどうもその存在こそが、当の住民たちの意見をよそに、むしろ問題をある方向へと強力にシフトさせているように見えてならないのだ。

今回の震災では、復興計画をめぐって多くの専門家が現地入りしている。そうした専門家の中には、人の命を守るためには巨大建築物や高台移転以外にはないという持論を展開し、当事者である被災者の意見を押さえつけている人もいるようだ。そうした傾向はマスメディアの中にも見られ、自らの固定観念で被災者の現状をとらえ、さらにはそれを報道上で表現したりするので、しばしば異論のある被災者もその異論を表立っては表現できなくなる。専門家やマスコミにこうだと決めつけられれば、素人には言い返すことはできない。だが、実はその専門家も人間の全体を知っているわけではないし、またメディアも事態を総合的に理解しているわけでもない。今回の震災に限って、そもそも、そんな人間はいない。だがすべてを理解しているわけでもない人間が、しばしば当事者以上に大きな決定に関わっている。

†「こういう事態だから仕方がない」

以上二つの事例の中に共通するのは、非常事態に対する過剰な不安や恐怖を背景にした集団的／集合的なシステム暴走である。あまりに大変なことが起きたので、人々の反応は極端に振れる。一方で、事態に直面して強いあきらめが現れる。他方で、決して滅びまいと強い抵抗も現れる。さらにここにマスメディアや専門家、あるいは政治家たちが強く振動することで、偏った「被災者の声」が絶対的事実であるかのように構成され――それはしばしば「あきらめ」の結晶であり、自己破壊的である――その声によって本来、人々の本意ではないはずの極端な結論へと全体が導かれることになる。

この震災を「第二の戦後」と評した人もいた。しかしむしろこれは、太平洋戦争の開戦直前の日本により近いようだ。誰もが望まない結論を、不安や恐怖のうちに、メディアや専門家、あるいはまた政治家たちの動きを介して「こういう事態だからそうせざるをえない」というかたちで自らを追い込んでいく。そして、これもまた、広域システム災害の特徴と考えることができそうだ。

この過剰反応には、被災した住民とともに、国・行政、マスコミや政治、科学が深く広く関わっている。これらはシステムを形成し、かつその中心の側にいる。ところで第4章でもふれたように、中心は決して見晴らしのよい場所ではない。周りが見えないまま、しばしば中心側だけの論理で周辺の情報が整理され、事態が決定されていく。周辺は、このシステムの動きに否応なく乗っかるしかないが、しかし、その結果として何が起きるのか。それは、周辺の主体的な選択を装った、中心側からの周辺切り捨てかもしれない。

今回の津波は確かに大変な出来事だ。しかし過去数千年以上、我々はこうした大災害が起きるたびにこれを乗り切ってきた。今回は約二万人の命を失ったが、それでも守れるところは守れたはずだ。被災地は広域システムの中にあるので、復興には時間はかかるが、しかしまたシステムの力を借りれば、その力は非常に大きいので、十分に復興は可能なはずだ。むやみに急ぐよりも、復興のために必要なマネジメントをしっかりと慎重に積み上げることこそ優先すべきもののように思える。しかし広域システム災害の状況下で、人々は偏った情報をもとに、ヒステリックに結論を急ごうとしているかのようだ。「こんな災害だから仕方がない」——こうした災害の時こそ、踏ん張って、堪え忍ぶべきものなのに、災害が来たからもう頑張るのはやめよう、災害が来る場所はもう捨てようといわんばかりだ。

確かにシステムは我々の命を守ってはくれるが、それでも限界がある。そもそも、災害のない約束された場所などあるのだろうか。高台移転をすれば災害はもう来ないというのだろうか。そして、避けなければならないのは果たして自然災害だけなのか。無理に大規模な事業を推進しても、結果として高齢者しか住まない町になるのであれば、やがては死に絶える。そうした町づくりは果たして正しい選択なのだろうか。外は危険だからといって、家に引きこもっている人などいない。暮らしや生きることには危険はつきものだ。植田今日子氏(東北学院大学講師)が気仙沼市唐桑《からくわ》の調査から導き出しているように(「なぜ集団移転地は海がみえるところでなければならないのか」)、本来、海は死と隣り合わせの場所だ。そこに何代もわたって暮らしてきたのである。

こうしてみると、津波災害はやはり原発事故とは違う。放射能とは異なり、津波はやはり自然のうちであり、決して放射能のような得体の知れないリスクではない。この震災で失ったものも多いが、数百年の経験を積み重ねた中で着実に守られた命ももっと多いはずだ。

今回の震災ではこうした暮らしの視点、周辺の視点が強引に脇へ押しやられ、中心の視点がつねに決定をリードしている。そしてしかもその中心の視点は、全体を広く適切に見渡す射程をもっているわけではなく、むしろ様々な次元に多様に分極化して、実はきわめて限られたものでしかないようだ。

結局、専門家はただ自分の領域の中で、自分の見解の中だけで主義主張を繰り返し、マスメディアは他紙よりも早く報道することを優先し、政治家は政局の中でより早い決定を優先して、「復興が遅い」という世論に応えようとしていく、ただそれだけにすぎないようだ。そして被災自治体においても、早く多く予算を取ってという方向ですべてが動いてしまう。だが、これらの決定が折り重なっていくことで、誰も「これでいける」と確信したわけでもないのに、全体の重要な方向性が決まっていく。いずれも基本的には被災者のためなのだが、こうしたかたちで決定がなされていくことで、当の被災した人々はこの決定からは遠ざかり、排除されていく。システムがシステムの方向を決定するばかりだ。

とはいえ、この広域システムの中では、すべてが敵ばかりでもないはずだ。広域システムには、広域支援の仕組みもある。システムにはより多くの人々が関わっており、そこから多様な支援をえる回路だってあるはずだ。

だが、ここにも同様のジレンマ状況が観察される。次に話を支援の方に移し、引きつづき広域システムという観点から、やはり批判的に支援活動の内実を問いただしてみたい。

4　支援とボランティアの諸相

†蓄積され、活かされた経験

東日本大震災の震災ボランティア活動は、しばしば一九九五年阪神淡路大震災時のそれと比較されてきた。例えばその人員について震災後一年間を比較すると、阪神の約一三〇万人に対し、今回は九二万人（二〇一二年一一月現在）とされて、その少なさが指摘されている。また、今回の震災ボランティア現象のピークであった二〇一一年五月のゴールデンウィークには、その後半に人員が急激に減り始め、「ボランティア失速」が大きく報道されたりもした。

しかしながら、今回の震災を、発生から約半年後くらいまでの緊急避難期と、半年後からの生活再建期に大きく区分するなら、まず震災当初の緊急避難期の避難者支援に関しては、九五年に比べて格段の進歩も見られたといってよいだろう。

まず、筆者がもっとも驚いたのは救援物資の量だ。岩手県の被災地を筆者がまわったのは二〇一一年三月末から四月にかけてだが、どこでも山のようにモノは集まり、野田村では、物資の集積場にしていた体育館の底が抜けるほどだった。むろん、なかなか被災者の手元には行き渡らないもどかしさはあり、今後の改善点は多いが、あの量を見れば被災していてもモノに対しての安心感はあっただろう。

人的には、まず目立ったのは自衛隊である。米軍にもよく行き会った。九五年の当時は、自衛隊はむろん動けず、各種行政機関でも被災自治体の要請なしにはなかなか被災地入りを果たせなかったが、今回は各自の判断で災害支援が行えるようになっており、九五年を教訓とした広域応援態勢づくりは着実に進んだといえそうである。とくに首都直下地震や東海地震等の準備がある、首都圏や東海の自治体はいち早く現地入りを果たしており、また阪神淡路大震災の経験がある関西広域連合では、早くから複数県で被災地を分担して支援に入っていたことが特筆される。

そして、ボランティアや市民活動の領域でも、九五年以来積み上げられてきた様々なネットワークがこの東日本大震災で大きく活用された。すでにふれたように、社会福祉協議会（社協）によってボランティアセンターが立ち上げられ、三月中にはほとんどの被災地でセンターが設置されていた。九五年の際の現地社協はほぼ機能しておらず、各地に集まった人々で手作りの活動から震災ボランティア活動はスタートしたが、今回は逆に、社協が全体を覆い、そこに各種の個人・集団ボランティアが入っていくかたちとなった。

また、いわゆる市民活動系のボランティアでも、それまでに構築されてきたネットワークがすぐに発動し、威力を発揮した。すでに四月までには、全国的な連絡組織として、東日本大震災支援全国ネットワーク（JCN、二〇一二年一一月末現在で七八三団体が参加）が設立されていた。またこうした市民活動は、政府（内閣官房震災ボランティア連携室など）や企業の社会貢献セクション、財団などとも密接な関わりをもち、九五年の時に現地で、ボランティアをするのが初めての一般市民が集まり、手探りで仕組みをつくっていたのと比べると隔世の感がある。そもそもNPO（特定非営利活動法人）が多数存在している点が阪神淡路大震災の時との大きな違いであり、阪神の経験を一つのきっかけとして一九九八年に生まれたNPO法（特定非営利活動促進法）が今回の震災の中で支援の大きな力につながったことは疑いない。

また、主要な大学にボランティアセンターが設置されたが、この被災地外につくられたボランティア募集・養成センターが現地とのつなぎ役になるというボランティア・コーディネート・セクションの仕組みもまた九五年に発達したものである。現在では学生たちに単位互換などの恩恵も与えられており、このような阪神の時に試された工夫が今回は効率よく展開して、多くの人を現地につないだ。被災地は人口の多い首都圏や関西圏からは距離があったが、四月下旬には大量のボランティアバスが通い始めていた。

先述のように、阪神の時に比べて少ないといわれている今回の震災ボランティアの人員数についても、冷静に考える必要がありそうだ。阪神の時の数値はダブルカウントを平気で行っていたのに対して（筆者も、うろうろしていたら一日に三回数えられた）、今回は現場間の移動が少ないため、実態に近い数値と思われる。安易な比較はやめた方がよいだろう。決してその規模は小さなものではない。

とはいえ、今回の被災地でのボランティア活動は、こうして体系的に整備された活動の背後に、阪神の時と比べて気になる点も現れていた。ここではそれを二点拾っておきたい。

†活動内容のパターン化

まず第一に、活動の内容に明確なパターン化が見られたことがある。

阪神淡路大震災のボランティア活動で目立っていたのは、その場その場の状況に合わせた新たな活動領域の形成であった。筆者らはそれをボランティアの開発的機能として特徴づけたことがある（山下・菅『震災ボランティアの社会学』）。

開発的機能とは、ボランティアのもう一つの機能、代替的機能と対置させたものである。本来ボランティアは、何をやるものかは決まっていない。そのため、災害発生直後は被災地で壊れたもの（公的機関、商業・サービス業、コミュニティ等）を代替することから活動は始まる。しかし徐々に被災地が回復してくると、次第に他にはできないことをやったり、新しい問題を見つけてきてはそれを解決したりなど、多彩な活動が繰り広げられることとなる。ボランティアの素人ならではの一般市民感覚が、例えば子供の相手をするボランティアだったり、洗濯ボランティアだったりと、細かいところに手の届く、被災者にとっても「なるほど」と思わせるような多彩なメニューを可能にしていくのである。阪神の時では、震災から二カ月後の九五年三月頃が、そうした活動内容のピークだった。

さて、この時の活動に比べると、今回の震災ボランティアでは、物資の配達、食事提供、がれき撤去といったものに活動がしばしばとどまっており、一部を除いてボランティアによる開発的機能の発揮が弱かった。「モノとがれきの相手ばかりで、人とふれあえないボランティア活動」という言い方も、現場では実際になされていた。

中でもとくに評価が難しいのが、各地で行われた「足湯」の活動である。足湯は、ボランティアが足のマッサージをすることはもちろんのこと、そこで自然と行われる会話から様々な本音を引き出すことができるのが特長だ。ボランティアとの間でささやかれる「足湯のつぶやき」は、今回の震災現場では典型的な風景の一つとなった。

被災者と支援者が直接ふれあえるこの活動は、もともとは二〇〇四年新潟県中越地震の際に開発されたもので、今回の震災では広く取り入れられ、コミュニケーション・ツールとして有効に機能した。ただしこの活動は、被災者からの生の声を聞くことから、さらに新たな活動へと広げるものでもあったわけだが、今回の活動でこの震災特有の領域開発はまだ見られていない。足湯は確かに何かを牽引する力はあるが、それ自身がまだ発展途上であり、今回の震災で何を生み出すのかが問われている。

ボランティアの支援領域は阪神の時より公私ともに広がり、とくに民間における成長が顕著である。しかしそこには明らかに何らかの画一化が観察される。活動のパターン化が生じた背後には何があるのだろうか。

まず考えられるのは、あまりの被災地の大きさにどう向き合ってよいのか分からないということがあったろう。被災状況も阪神の時とは違った。地震災害とともに津波災害があり、かつそこに原発災害が加わった。また、関西や東海から来たボランティアにとっては、東北という地を知らないことへの不安も大きかったと思われる。

何より、九五年は先行するものがなかった。すべてが試行錯誤であり、混乱もあったが、そこで考えられたものはすべて現場のオリジナルであった。これに対して今回までには、災害ボランティア活動のメニュー化、マニュアル化が進み、「こういう時にはこうする」というものが多くなったことがかえって、現場で新しく考え進めていく改善意欲を減らしていた。あまりの被災地の被害の大きさに、どう向き合ってよいか分からず、まずは確実なメニュー、マニュアルに従おうということであったかもしれない。

これにはまた先述のように、社協やNPO法人、大学などのボランティアセンターによる組織的な動きがボランティア動員の核となっていたことも大きく関係しよう。阪神の時にはまず個人が動き、個人が集まって現地で組織化が行われたが、その後ボランティア領域の組織化・制度化が進んだことによって、ボランティア個々人の自主性・自発性が弱まったことも考えられる。むろん、組織化のマニュアルが存在したことで多くの組織が立ち上がり、多くの人を動員したということもできる。人材・資源の豊富な首都圏や関西圏から東北は物理的にも遠く、道路は寸断されガソリンもない中で、被災地の多くが交通不便な場所となっており、個人で現地に行くことは難しかったのだから、組織化によって初めて活動ができた。が、他方で、個々の自発性が背面に隠れてしまい、統一性・画一性がより強く現れたともいえそうである。

†支援をめぐる〈中心―周辺〉関係

もっとも活動のパターン化は、阪神淡路大震災の時にも活動がマス化するに従って見られた現象でもあり、今回のみの問題かどうかには異論もあろう。また筆者も広域にわたる事例をすべて検討できたわけでもないので、この背後に興味深い事例があることを期待したい。そしてこうしたことよりも、むしろ東日本大震災では、五月の連休のボランティアブーム到来後も、現在まで多くのボランティアが活動を持続し、被災地の非常事態の長期化に対応して長期的支援をつづけてきたことを強調すべきように思う。

とはいえ、活動のパターン化とともに、第二に次の点にもふれておく必要がある。それは、ボランティア活動領域に限らず、支援の組織的行動一般に見られたものであり、ここではそれを〈中心―周辺〉問題としてまとめてみたい。

広域システムの〈中心―周辺〉が自治体間応援の仕組みの中に現れていたことについては、すでに第2章で取り上げた。同じことは他の支援の領域にも広く見られていた。例えば次のようなことである。

震災当初は、人材は少ないながらも、被災地の周りで被害を受けなかった人たちや、学校が休みになってしまった中高生を中心に、地元地域の主体的なボランティア活動が細々とだが行われていた。社協のボランティアセンターは当初、その受け皿でもあったが、こうした初期の東北内の自主的な活動が、時間の経過の中でしぼんでいったように見えるのである。

外部から／遠方からの組織的で高度なボランティア集団が到着するに従って、徐々に現地での自主活動が影を潜めていった。むろん、大きな打撃を受けた被災地では人材が足りなかったのだから、外からのボランティアがそれを広くカバーしたのは事実だ。しかしそのことで災害ボランティアの中心が外から来る人々になり、地元地域の自主性・主体性から遠いものに置き換わった可能性が否定できない。

そして、こうした中心（外）─周辺（被災地）の関係は、一概に被災地の外と内の間だけでなく、被災地外から来ていた団体の間にも現れていた。今回は、NPOや市民団体がすでに大量に存在していたから、寄付金は日本赤十字社に限定されず、様々な水路で流れた。しかし資金のある団体があるとともに、ない団体もあり、そこには様々な資源動員を通じた力の格差が現出した。そして、東北各地はそうした団体活動の弱い地域だったから、首都圏などから来た遠方の団体がしばしば、資金面でも知識も人材もつねに豊富であって、資源の豊富な中心集団に対する、地元の小集団の遠慮や萎縮も見られたのである。しかもその一方で、制度面での中心は地元の公共機関と結びついた社協にあったから、地域によってはさらに複雑な様相を呈してもいた。東北社会がボランティア＝NPOの面で全国的なシステムの周辺にあったことが、今回の震災でも自主的な市民活動領域の弱さとして現れていた嫌いがあり、このことは今後の復興過程においても十分に配慮すべき点であると思われる。

†ボランティアのパターナリズム

以上をまとめていえば、今回の東日本大震災の市民ボランティア活動には、良い意味でも悪い意味でも、パターナリズム（paternalism）が強く現れたといえそうである。ここでいうパターナリズムには、次の二つの意味を含ませている。

第一には、中心に対する周辺の従順主義である。これがボランティア領域に限らず、この震災で多方面に強く現れたことを本書ではずっと見てきた。そしてこのことによって効率的に支援活動が進んだ反面、参加する個人や、被災地周辺の小さな活動が、周辺化してしまった可能性がある。

第二には、活動のパターン化である。第一点目とも関係するが、現場で活動していた多くのボランティアたちには、首都圏や関西圏などからの大都市出身者が多く含まれていた。そのため地方の生活、農山漁村や地方都市の生活を知らない者が多く、さらに被害の大きさが、現場の人々とのコミュニケーションを阻害した。今回ほど、被災現場へ行くことへの怖れ、被災者と呼ばれる人とコミュニケーションすることへのためらいが大きく表現された災害もないだろう。被災地と交流するよりは、まずは確実に役立つことをしようという思考法が働いたことも、活動のパターン化を強く導いた要因と思われる。

ここから拾い出すべきことは何だろうか。

むろんこうしたパターナリズムが悪いということではない。考察してきたように、その背後にはこうした特徴をつくりだしてきた構造があり、それはしばしばこの震災がもたらした様々な条件をストレートに反映したものだからだ。

むしろ、次のことを指摘する必要がある。市民ボランティアはもはや災害社会の中で非常に大きな存在となっており、それはすでにこの広域システムの中に自らの領域を確立して、市民活動システムともいうべきものを形成してしまっている。そしてそれは、東日本大震災の被災地の復興を考えるにあたっても無視しえないものになっている。

次に、生活再建・復興期の支援課題を整理してみることにしよう。

5　生活再建・復興期における支援

†仮の生活支援と生活再建・復興

災害に際し、緊急に避難した人々の仮設住宅への移動が完了すれば、支援は自ずから次の二つの方面の活動へと振り向けられることになる。

第一に、仮設住宅における、仮の生活に対する支援活動である。阪神淡路大震災の時には、とくに仮設居住者の孤立化防止という課題が大きかったが、今回もこれが一つの大きな目標になってきた。また、とくに賃貸アパート等を仮設住宅とみなす制度は、個人情報保護ともあいまって、どこに要支援者がいるのか見えなくなることにもつながっており、支援の大きな足かせともなった。新たな手法で要支援者を吸い上げていく手法が求められ、試されつつある。

また、いずれの居住形態であっても、仮の居住地がもともといた被災地からしばしば遠く離れていることも留意すべき課題である。三陸沿岸部では、仮設住宅を建てる場所がなく、山の中や自治体の外に土地を求めているケースは少なくない。福島の場合は県外避難も多いことから、避難者の分散化が憂慮すべき課題である。また県外避難の場合、避難先で各県・各自治体の出身者が混在していることも多く、原発避難では、強制避難者と自主避難者が鉢合わせることもある。原発避難者と津波被災者が混在することもあり、福島には両方を経験している人も少なくない。災害から時間がたち、落ち着いてくればくるほど、支援はこうした被災者の多様性に向き合わねばならなくなる。

おそらくこの、仮の生活の問題だけで、被災地支援に関わっている人は大変だろう。しかし、このことに次のもう一つの課題が重なってくる。

すなわち第二に、この仮の生活維持の裏側で同時に進めねばならない問題として、被災者の生活再建、被災地の復旧・復興がある。阪神淡路の際の生活再建期にも、復興まちづくりは市民による支援の大きな活動領域になったが、今回はとくに重要なものとなろう。そして、この生活再建と復興という課題こそ、実現しなければ、仮の生活をいつまでも終えられないので、最優先すべきものだといえる。ところがこの生活再建と復興こそ、すでに見てきたように、より多くの課題を抱えているわけだ。広域システム災害ともいえる状況下で、複雑で解くのが難しい事態が生じている。

そこにはむろん、被災者が関わり、自治体が関わり、国が支援し、専門家が関わる必要があり、ボランティアや市民活動の領域のみで対応すべきものではない。とはいえ、しっかりとした復興の道筋が見えなければ、たとえボランティアたちが仮の生活を支援しても、全くの対症療法でしかないことになる。復興のプロセスと支援のプロセスとは、重なり合い融合しあって進む必要がある。しかしながら、それらが十分に重なり合えているかというと、そこにはまたさらに複雑な問題が潜んでいる。というのも、ここにはいわゆる支援のパラドクスが存在するからだ。次にこの支援パラドクスを指摘し、さらにそれが生活再建期においてどのように展開しうるのかについて考察しておこう。

†支援のパラドクス

被災社会において支援の必要性は自明である。支援はそれがどんなものであれ、傷ついた社会にとっては再建のための重要な資源だ。

しかしながら、生活再建期に入るとその自明性は崩れてくる。支援を追求すればするほど、被災地の復興を妨げ、被災者の自立を削ぐ可能性がある。支援は一歩引くことが大切だ。「ボランティアの引き際」もマニュアルのうちにある。

だがそれはあくまで論理としてであって、実際には、復旧・復興のゴールが見えないいま、いったん入れた支援はなかなか引けるものではない。ことはそう簡単ではない。民間支援が一つのシステムとして作動してしまっている以上、支援者の側で被災者の自立や復興に配慮すればすむという問題ではもはやなくなってきているからだ。筆者が気づいた点をいくつか指摘してみよう。

まず第一に、生活再建期に入り、復興に向けて取り組む被災者たちにとって、とりあえず落ち着いた仮設住宅や借り上げ住宅での避難生活から、さらにここから抜け出す生活再建の是非こそが最大の課題となる。そしてそこでは、産業復興と地域再生と家の再建の少なくとも三つを同時に実現せねばならず、そのために、多くの人々と、時間・空間・社会を調整して総合的な解を求めるという、実に難しい問題に直面することとなる。

むろんそこでは被災者たちは、少しでも多くの支援を得、助けを借りたいわけだ。

だが、支援領域で行われている支援メニューは一定の枠内にとどまっており、そのほとんどが仮の生活の維持に向けた支援であって、使える選択肢はそれほど多くはない。しかもしばしば単年度の事業が多く、また支援者たちも各グループに分かれて動いているので、一つ一つの活動でできる支援は部分的だ。それどころか、むしろ支援者がやりたいことを提示されるばかりで、場合によってはその対応に追われてしばしば被災者たちは疲弊している。

支援を受ける被災者にとって、本当に求めている支援は、もしかするといまの支援の向こう側にある何かだ。だが、なかなかそうした支援者は現れず、被災者たちは本当の支援を求め、もがき苦しんでいる。むろん仮の生活維持も重要だ。しかし復興はそれ以上に容易ではない。この震災で、人々が本当に悩んでいるのは、しばしば次のようなことだ。

・住民同士の関係が、避難が広域化し、また利害が錯綜してしまってつながらない。
・役所とも協力したいが関係がつながらない。意思疎通さえできない。
・商売を再開しようにも住民が戻らない。住民は住民で戻りたいが、店も何もないので戻れない。人々のタイミングを合わせる必要があるが、みんなバラバラでつながることが難しい。
・マスコミは誤報ばかり。専門家も自分勝手で信用できない。正確な情報がほしい。
・故郷は再建できるのか？　自分の生活はどうなるのか？
・復興には他の選択肢はないのか？　みんなおかしいといっている方向へなぜ進んでいるのか？　我々は、いつ、どんな判断をするのが正しいのか？

当たり前のことだが、結局、支援者にとって以上に、被災者にとってこそ、問題が大きすぎるのだ。だが支援者も専門家も、被災者を取り巻く状況のうち、ごく一部を取り出して何かをしてくれるだけだ。支援者からは、「してほしいことがあれば何でも言ってほしい」と言われる。でも本当にしてほしいのは、支援者にできることを超えたことのようだ。

†被災者とは誰なのか？

そして第二に、支援者が関わるのは被災者の中でも一部のみだ。それはしばしば震災後の偶然の出会いによる。そこには、支援を受ける人、受けられない人の差が現れるが、むろん公共が行うのではない民間の支援は、そうした不平等が可能だからこそ活動する意義があるともいえる。

しかしながら生活再建期に入り、避難所から仮の暮らしへと移行するに従って、民間の支援はさらに一部の、しばしば目に見える、被災社会の弱者層に集中することになる。仮設住宅やわずかに残った避難所がとくにそうした支援活動の目標となる。他方で、復旧・復興は被災者すべてに関わる問題であり、復興支援を考えるなら、関わる被災者はごく一部ではすまないはずだ。

被災者とはいったい誰なのだろうか。そして、誰のための支援であり、また復興なのだろうか。自明なようでいて、実はこれが一番難しい問いのようだ。

仮設住宅にいる人々だけが被災者なのだろうか。仕事を失い、別の地に生活再建の場を求めた人は、もはや現地の地域再生には関係のない人だろうか。この復興は、いま目の前にいる人々にとってだけの復興なのか。それとも、これからつづく世代、子供たちや、さらにはその子供たちの世代にむけたものだろうか。もし後者だとすれば、その声なき声はどうやって誰が拾うのだろうか。他方で、目の前で「困っている人」の声を無視するわけにもいかない。

支援が一部に偏ることは、単に被災者の間で、「あそこは羨ましい」といったねたみを引き起こすといった程度ですまない点に注意が必要だ。一方で支援が長期化するほど、被支援者にとっては支援が生活要件になってしまい、支援なしの暮らしがもはや考えにくくなる。だが他方で、重要なことがもう一つある。支援は被支援者との共同実践だ。支援が入ることにより、共同関係を築いた人は様々な力を得、それは場合によっては発言力や政治力にもつながる。これに対し、支援にアクセスできない被災者はその陰に隠れて力を削がれてしまう。支援はもしかすると、一部に荷担することで、元の社会の人々のつながりを断絶する作用さえ及ぼしているかもしれない。

こうして支援のパラドクスは、さらに広げて考える必要がありそうだ。

支援は支援を与えた人にだけパワーを与える。例えば、仮設住宅に支援すればするほど、そこからこぼれた人々は力を失っていく。それどころか、人々の間に、対立、矛盾、分断をつくることもある。そして、今回の震災では、そうした中で隠れてしまった人々こそが、地域再建の主体を担うべき層であるのかもしれないのだ。

すでに強調したように、この災害は、もしかすると被災社会の主体性すら奪うほどの大きな衝撃を与えたものかもしれない。広域システム化のもと、人々の主体的な動きは震災前からすでに失われつつあった。震災を経てシステムはさらに合理化され、システムの作用はますます強力になっていく。それに対して、人々の主体性はますます脆弱になっていくようだ。

被災地の主体性の復興——これがまず何よりも必要だ。しかしこのことに支援者は応えられない。主体の復興はあらゆる領域に関わるものであるのに対し、支援はごく一部を扱うのみだからだ。さらにいえば、市民による支援はもしかすると一つのサブシステムになってしまった。もはや広域システムの一部なのである。支援はしばしば広域システムの内部で作動し、主体を支えるどころか、主体を削ぎさえする。支援と主体の復興は相容れず、場合によっては対立する。

6　問う力へ

†復興とは何か？──主体性の取り戻し

広域システムの中に、被災者も支援者も、そして官も民も、研究者もマスコミも、そして政治家もみんないる。ともに同じものの中にいるのは間違いない。むろん筆者自身もだ。だが、実はそれぞれは別々のサブシステムの中にいて、別世界を構成している。一見、隣同士で同じことを話しているようにも見えるが、そこにはつねにズレがある。

むろん、システムが広域化し、合理化することで、我々は様々な問題を効率的・効果的に処理する力を得られるようになった。この震災でもそうしたシステムによる被害の軽減は随所に見られた。しかし、何か実質が満たされず、人々にはつねに焦燥感が残る。

というのも、生活再建や復興は、システムの一部ではなく、全部に関わるものだからだ。被災者にとっては自分の生活は一つの全体だ。インフラだけ、仕事だけでできているのではなく、ましてや家屋だけでできているのでもない。すべてが組み上がって生活は成り立っている。しかしここに関わって支援してくれる人々や専門家、あるいは様々な機関はそれぞれが関わる一部しか見ておらず、一部分だけで作動する。しかもそれはしばしば、各サブシステムの中心からであり、我々はこのサブシステムの助けがなければやっていけないが、助けを借りれば借りるほど暮らしは分断され、周辺化されてしまう。

災害とは残酷な過程だ。被災することで、このシステムの周辺へと人は追いやられる。被災者は災害を通じて主体性を削がれ、しかもその力を奪われた主体に様々なシステムの作用——支援もその一つ——が織り重なることで、主体はますます断片化する。

復興とは何か。それはむろん、被災地が元通りの暮らしの場として回復することだ。だがそれは、被災者が主体的に回復するのでなければならない。逆にいえば、復興とは本来、被災した人々が主体性を取り戻していくことであるはずだ。では、主体的とはどういうことか。こうしてやはり、第1章で示したこの問題に我々は立ち返ってくるのである。

主体性は個に求めるのではなく、社会的なものに求めるべきだと第2章では指摘した。社会的なものとはまずは集団だ。しかしまたその後につづけて検討してきた被災地／避難者の状況は、この社会性を、空間的・量的なものだけでなく、もう一つ別の次元にもつなげて考えることを必要としているようだ。それは時間のつながりである。

暮らしは決して一時点ではなく、時間のプロセスの中にある。災害でもっとも恐ろしいのは、それが暮らしのプロセスを断ち切る可能性だ。逆にいえば、暮らしがつづくためには、いまいる人だけでなく、さらに次の世代への世代間のつながりが不可欠になる。我々はここにも主体を見出す必要がありそうだ。そしてここでも主体は個ではなく、世代間のつながりという関係性の中に見出すべきもののようだ。つながりの中から生まれる主体性。これに対し、いま進んでいる復興事業の多くは、「復興」という名の下に個々の生活の個別の補償を目指し、むしろ人々の間の当たり前のつながりを断つものになりそうだ。「復興」はもはや、住む場所が確保されたり、住宅がそろったりすることであって、いま目の前にいる人の暮らしさえ再建できればよいかのようになってしまっている。空間を超え、時間を超えた人々の主体的なつながりは、もはや「復興」と強く対立するものとなりそうだ。だが、そこには人間の主体性はない。そこにはシステムとシステムに飼い慣らされた人間しか見あたらないようだ。

†本当の復興へ向けた支援とは?

では被災しなかった者には何ができるのだろうか。

もう一度だけここで支援とは何かについて問いなおしておこう。それが行政間のものであれ、専門家によるものであれ、そして市民活動としてであれ、ボランティア個人であれ、支援とはいったいいかなるものだろうか。

まずは、支援は非対称性をはらむ現象だということに注意が必要だ。支援はつねに、支援する者／される者という関係性をつくる。この支援の非対称性は、容易に〈中心―周辺〉関係の形成をうながし、支援が繰り返されることで、右に見たように社会内に一定の領域を構成することにもなる。

これに対し、被災者たちが本当にほしい支援は、支援がいらなくなるような生活に向けたものだ。それもその人のみの生活だけではない。生活再建であるとともに、地域再生であり、いまいる世代からより若い世代へと、この被災した社会を、着実に次にバトンタッチできるかどうかが重要なのである。だが支援にできるのは断片的な一定の領域だけで、それを超えては広がらない。一方でそれは仮の生活の維持に関わることだけであり、社会的弱者や高齢者、仮設入居者がターゲットであって、その社会を構成するマジョリティには向けられない。また他方で、仕事づくりに関わるような支援も、できるのはせいぜい小遣い稼ぎぐらいまでであって、産業構造そのものの改編や、地域生活のパラダイム転換につながるような大きな動きに向かう気配がない。加えて行政は行政、専門家は専門家、それぞれバラバラに自分の論理で動くのみだ。だが、本当の復興を目指すなら、あらゆる領域に関わらなければならない。しかし、そうした方向で人々を集め、共同へとむかわせるような支援の動きはいまのところ見あたらない。

もし本当の復興へ向けた支援をしたいなら、この「支援」という領域から抜け出ることが必要なようだ。支援の中にいる限り、ここからは本当の復興は見えない。復興に関わる支援は、支援がシステムに内包されている以上、もはや確立することは難しいというべきだろう。だがそうはいっても、広域システム災害のもとで被災社会は大きく傷ついており、そこに暮らす個々人の力も弱まっているのだから、そこにはやはり何らかの外からの手助けは必要だ。支援は不要でさえない。手を抜くわけにもいかないのだ。では被災地の本当の復興を目指すために、支援者は何をすればよいのか。

支援者も、被支援者も、すでにシステムの中にある。この中にいる限りは、このシステムがもたらす問題は解けない。かといって、もはや物理的にだけでなく、心や社会の領域まで、深く広く入り込んでしまっているこのシステムからいまさら逃れることは、ふつうの人間にはできない相談だ。我々はこのシステムの中にとどまりつづけるしかない。

†システムの中でシステムのあり方を問う

システムの中にとどまりつづけながらも、ただ一つ可能性があるとすれば、それは、システム自身が、システムの抱える問題性に気づき、これをあきらめずにたえず疑問視し、これを解いていくことができる、そんな仕掛けができるかどうかだろう。おそらくかつて、ウルリヒ・ベックやアンソニー・ギデンズが「再帰的近代化」（『再帰的近代化――近現代における政治、伝統、美的原理』）を説いた時に念頭においていたことはこのことだ。

しかし、この震災で見えてきたのは、近代の再帰性は放っておけばつねにシステムの絶えざるシステム化に向けて動いていき、それを反省する方向には働かないということだ。しかしまたシステムはつねに完全ではなく、現実の中で大きな障害を引き起こすこともあれば、環境要因によっては暴走もする。東日本大震災はそうしたシステム破綻の実例であった。この破綻の中から我々がどう学べるのかはきわめて重要な問題だ。このタイミングを逃しては、システム自身の弱点を見出し、改善し、それを人間にとって使い勝手のよいものへとつくり変えていくチャンスはもはやないかもしれない。

問う力、問題を設定していく力がまずは必要だ。そしてその問いを、さらにしつこく、しつこく追い回して、いったい何がどうなっているのか、主体的に解きつづけることが大切だ。そしてこうした問う力の欠如こそが、いまの我々が抱えているもっとも大きな欠陥のようだ。確かに、この震災・原発事故がもたらす問題はあまりに複雑すぎて、もはや解けないものではないかとさえ思う。だが完全に解けないまでも、問題を設定しつづけて、システム崩壊の反動としてのさらなるシステム化への圧力を緩和していくしか我々の選ぶ道はない。我々はこの広大なシステムの中に生きているし、生きていかざるをえない。生きる場を問うことは確かに息苦しいことかもしれないが、問い続けることこそが、「生きる」ことや「暮らし」のもつ本当の意味かもしれないのだ。

広域システムの中で人間はどういう存在でありうるか――支援とは何か、復興とは何かは、このもっと大きな問いの一部のようだ。

そしてここまで議論を進めた時、この広域システム化と暮らし＝生との間の問題は、いま突然現れてきたものでは決してなく、それどころか西欧の社会学の古典の中にすでに明示されていたものであることに気がつく。少なくとも、一九七〇年代には言明されていたあの問題設定に深く関わる現象のようだ。

西欧近代が抱える深い闇が、この日本でも、この震災を通じていよいよ現れてきたということなのだろうか。そして我々はこの闇に、西欧と同じスタンスで取り組むべきなのか。それともやはり、ここでも日本は、西欧とは異なるかたちでこの問題に向き合うことができるのだろうか。最後にこの問いについて考えてみよう。むろん本書はこれらの問いに答えるのにはまだ不十分な試みだが、問題の所在だけは示すことができそうだ。

第 6 章

システム、くに、ひと

1　この国で生きる

†広域システム災害がもたらすもの

我々は、普段は広域システムによって豊かに、安全に暮らしている。しかしこのシステムが解体するような危機が訪れると、システムがあまりにも大きく、複雑すぎるために、個々の人間には手に負えない事態に陥ることとなる。東日本大震災で起こったことに対して、首相も、政府も、メディアも、科学者も、みな無力だった。

だがシステムそのものは、これだけの災害に対してもなお、システムがもつ優位性を示しつづけた。広域避難において、あるいはまた広域支援において、広域システムは有効に機能し、一時的にはきわめて効率よく反応した。

しかし、そこではつねに何かが抜け落ちていた。効率性の前に、本質が抜け落ちる――多くの人がこのことを敏感に感じ取ってもいた。

未曾有の災害は本来、我々の生きる場がどんな問題を内包しているのかを知るまたとない機会である。そして今回、システム崩壊は確かにシステムに頼り切った生活の脆さを人々に垣間見せた。しかしながら結局、広域システム災害に直面して我々は、システムの本質を反省し、改善するよりはむしろ、崩壊後の再建においてそのシステムをさらに強化する選択肢をとりつつあるようだ。

このままではこの大事な機会をとりこぼしてしまいそうだ。この震災で見えてきた問題、このシステムのもつ本質とは何かについて本章では掘り下げていこう。

†無力化する人間

広域システム災害の中で、我々が思い知った現実とは何か。それは間違いなく次のことだ。

人間は無力である。この災害で我々は、我々自身であること、その自律性／主体性を失った。人間はシステムを自由には動かせない。しかも、そうしたシステムの崩壊を前にして、我々はそこから逃れるどころか、ますますこのシステムの強化へと自分たち自身を追い込みつつある。

原発事故は一つの典型である。原子力発電所は、あらゆる省庁が関わる巨大事業である。事故後も経産省が中心になって対応はしているが、除染は環境省、放射線モニタリングと賠償は文科省といったかたちで、各省庁がほぼすべて関わらざるをえないものとなっている。

そしてそれは省庁だけでなく、民間もまた同じだ。マスコミも、研究者も、経済界も、おそらくほぼ全国民が、好むと好まざるとにかかわらず、この事業の一端を担ってきた。だからこそ、事故後もすべてが関わらざるをえないのである。しかし事故に対するそれらの反作用を束ねた時に見えてくるのは、この事故によって日本社会の最周辺に突如追い込まれた被災者たちの、このシステム内での周辺化であった。

この事故の被災者には賠償の名目で金が与えられる。しかし誠意は示されず、未来も補償されない。原子炉爆発の危険という、とてつもない恐怖に追い込んだにもかかわらず、その完全な収束を見ないまま事故収束宣言が出され、しかも放射性物質という毒性の強い人工物で汚された土地に、確率上は安全であり何の問題もないものとして帰るよううながされる。この先、何代にもわたって不安やいわれない差別と戦うことになるだろうが、それを避ける手立てはいまのところない。結局、ここで生きていく限り、被曝や差別を覚悟し、そして何より、原子力産業に依存して——ただし今度は電力の生産ではない何かになるが——生きていかざるをえない。

各省庁の作業はそれぞれの原理に基づいており、すべては正当に行われていく。民主主義を前提にした政策形成は、住民の声を聞き、首長の意見を取り入れ、世論調査を駆使して行われる。しかしそれらをまとめて示されるものは、生活破壊と地域破壊を帰結しかねないものとなる。結局、残るのはシステムであり、それもよりいっそう強化されたシステムである。周辺に追い込まれた人々は、以前であれば別の選択肢も選べたのに、もはや否応なく、システムに従わざるをえない。

もっとも、被災者となった人々のみならず、我々はみな、この震災で広域システム崩壊の恐ろしさを実感したにもかかわらず、それでもなおシステムに頼る以外の道は残されてはいないようだ。そしてそれは、津波被災地においても、巨大防潮堤と高台移転、広大な土地のかさ上げという、巨大ハード事業のみを結実して、もはや防災システムの前に海辺の暮らしは一切認められないというかたちへと進んでいる。しかもこれだけの大きな決定にもかかわらず、誰かが中心になって主体的に決めているのではなく、システムが動いていつの間にかそうなっているにすぎない。

本来、防災施設にしても、道路などのインフラにしても、みな人間のためのものだったはずだ。原子力発電だってそうだ。人間のためのシステムのはずが、いつの間にかシステムのための人間になっている。ここには明らかに転倒がある。そして重要なのは、このことに関わっているのはごく一部の人々だけではないという点だ。あらゆる人がみな、このシステムの歯車となっている。朝、テレビをつけ、番組で取り上げられていた仮設住宅のお年寄りが「自宅で暮らしたい」とつぶやくのを見て、「早く復興進めてやれよ」と家族に漏らしたあなたの行動——これすら、このシステムを作動させる一端でもあるのだ。

そしてこの状況は、実は政府やマスコミ、科学領域で、この震災の中心的な場に関わっている人間にとっても同じなのだ。誰もこの中で何かを見通して動いている者はいない。本当は関わりたくはないのかもしれない。そして誰にも全体は分からない。分からないいま、できることを積み重ねるのだが、それがどんな結果を引き起こすのかは知る由もない。システムが大きすぎ、複雑すぎるのである。

†日本の国の変遷とそのシステム化

こうして我々は、この震災を通じて、巨大な広域システムの中に生きており、しかもそのシステムを我々が動かしていたのではないということを知る。しかもこの巨大災害でシステムが壊れたのちも、システムはまた自動的に作動して我々をさらなるシステムの深みへと引きずり込み、我々はますますここから逃れられなくなっているようである。

ところで、ここまでの記述では、システムを日本という国に重ねながら議論してきた。ある時には、国とシステムは同一で語れる。しかしまた、まるっきり違う局面のものとして語るべきものでもある。ここで、国とシステムの関係について考えておきたい。

国は本来、システムではない。しかし時に国がシステムに置き換わることがあるようだ。国のシステム化の可能性。このことを最後に主題化していこう。日本という国はいまやグローバル化の中で境界が曖昧になりつつあるが、それでも厳然たる国であって、この震災では国の存亡さえもが語られたのであった。この震災で問われているのは、まさに日本列島に構成されてきた、この国のかたちである。

そもそも「国《くに》」という言葉は何を意味しているのだろうか。

「くに」の語源は明らかではないが、「何かを限ること＝垣《くね》」「陸《くが》・土《に》」などの説があり(白川静)、漢語の「国」も同様の意味をもつようである。だとすれば、我々の命をはぐくむ大地を、そこに暮らす我々自身とともに一定の範囲で囲み、外部と内部を分けるというところに「くに」の本意はありそうだ。そして、そのような意味での「くに」は、当然ながら、日本国のみならず、いわゆる地方自治体などにも当てはまることになる。

我々が暮らす都道府県も市区町村も、その多くは、いわば古い国の組み合わせでできている。「魏志倭人伝」の「旧百余国」は現在の町村よりもずっと小さいものだろうし、また「垣《くね》・陸《くが》・土《に》」のイメージは、吉野ヶ里遺跡のそれにつながる。日本という国は、つねに小国を中程度の国にまとめ、そして中程度の国を大きな一つの国にまとめることで全体をかたち作ってきた。二一世紀までの間、各地域は、大小の単位からなる多量の入れ子構造をなし、それぞれに独立した人格をもち、文化や歴史を携えた人間集団として構成されて、これらがいわば一つ一つの「国」として機能することで、日本国は長期にわたって成り立っていたわけだ。大文字の国、近代国家としての日本の国は、これらを整理するかたちで明治維新を経て初めて形成されることになる。

もっとも明治維新ですぐに日本国が一つの統一体になったわけではない。明治初期、日本国は一つの国でありながら、その実態は江戸期の社会状況を受けついで、小さくは大字レベルの集落がその基礎にあった。明治中期の市制町村制はこれらを束ね、新たに地方自治体を構成した。他方で、これらを中間管理する主体には、江戸時代の藩を再編成し、藩を擬すかたちで都道府県が設置された。いまでもこれらの単位は生きており、日本という国の骨格をなしている。

太平洋戦争後の昭和の市町村合併は、大正・昭和の爆発的な人口増加と、その後の経済成長を経て、その時代状況に適合的な大きさへと自治の単位を拡大するものであった。この合併が成功した施策かどうかはともかく、一九八〇年代までは、ここで形成された近代都市が周りの町村の人や資源を集約することで日本社会全体の経済力を高め、また都道府県レベルでの中核的な近代拠点都市づくりも実現した。そして九〇年代、バブル崩壊とその後の展開の中で、ここまでに形成された拠点都市の拠点性はさらにいっそう高まるとともに、周辺化された市町村の過疎高齢化が着実に進行していく。そしてここまでに確立された高速交通網（高速道、新幹線、空港など）によって、日本という国はますます一体化し、各地域の拠点都市はますます互いの関係を強めていった。

二〇〇〇年代の平成の市町村合併とは、こうした中で、それまでの小国・中国レベルのあり方を一掃し、効率の悪い小規模自治体を解消し、日本という国のシステムをより効率化するための操作として遂行されたと理解することができる。ここで重要なのは、これ以前までの社会再編が、自治を維持し、また合併前の単位を基本的に温存するものであったのに対し、平成の社会再編ではしばしば小さな単位の完全解消がイメージされて、合併された自治体の自治の淘汰が目されたという点だ。そして同じような解消・淘汰型の再編は、同時期に取り沙汰された限界集落問題の中にもイメージされていた。

つまり、二〇〇〇年代の社会変動は次のようにイメージできそうだということだ。それは、小さな国のより大きな国への吸収である。以前の再編が吸収ではなく、より大きなものへの小さなものの下位化（擬似親子化、依存従属化、入れ子化）であったとすると、平成合併は小さな国としての自治体機構の解体と、そのかわりに現れる巨大なシステム化を意味していた。

そしてこの間進められた省庁再編の動きも、いま考えれば、単なる省庁の統合再編ではなく、ある種のシステム化を目指すものだったとみなすことができる。小さな単位は解消、解体され、より大きな単位に複雑に再構成される。そしていまや、合併を通じて換骨奪胎された市町村の上に、いびつに残ってしまった県の存在も問題視され、道州制という名の下にその解体がもくろまれている。このプロセスが完成すれば、最終的に残るのは、日本という国だけになるのかもしれない。

†問われる国のかたち

だが、この日本という国も、もはやこうした動きを司る中心ではなく、ましてそれは「くに」であることも越えてシステムになりつつあるかのようである。

我が国は領土をもち、軍事的・外交的に外と内を区別しながら「くに」であろうとするが、この国に残っているのはそのくらいだ。この震災で見えたように、国家的危機に際しても、この国は何かを決定することはできず、めいめいに牽制しあって中心はない。経済、科学、政治の各システムはそれぞれに大きい。しかしそれは、人々が協力しあい、何かをつくったり、何かを守ったりするためのものではなさそうだ。各システムは分化してしまい、しかも互いに複雑に絡み合っているので、各システムにはそれぞれの中心はあっても、全体を動かす拠点はない。

とはいえ、以前は我が国も何かを決めることができたというのも暴論だろう。かつての太平洋戦争でも誰かがはっきりと決めた様子はなかった。何かに流されながら何となく大きな決定がなされていく。そうした状態は、太平洋戦争の終結とともに一掃され、戦後の民主主義は、平和憲法のもと、国民をしっかりと守るために構想され、実践されているのだと我々は思い込んできた。だがこうして二〇一〇年代に立ってみると、我々は結局あの頃と同じ状態のままであり、その意思決定の危うさには何か根源的に変わらぬ構造が潜んでいるかのようだ。

もっとも、状況はすべてにおいて悪くなっているわけではない。太平洋戦争を境に、国家間の紛争解決法は、戦争から平和的な交渉に切りかわり、かつて戦争を通じて多くの命を落とすまで進展した軍事対立は極力避けられるようになった。それに対し、命まではとらないですむある種のゲームとしての経済競争が置き換わり、その激しさを増していくこととなる。そしてこの経済競争を生きぬくために、広域システムが広く深く浸透していくが、苛烈な競争に耐えた代償として、広域システムは人々に多大な豊かさをもたらし、安心・安全な社会を結実していくこととなった。システムの成熟によって我々はますます死ぬことはなくなり、寿命は大きく伸び、人口も増大していく。

しかし、二〇〇〇年代あたりから明らかになってきたのは、こうした生かされる社会の中での「生」の意味の転換である。

我々はもはや死を、日常的には経験しなくなった。もちろんシステムの予測を超える災害や事故はそれなりにつづいたが、それでも多くの命を取り留めてきた。戦後から長い間、死者の大きな災害は生じず、一九九五年の阪神淡路大震災は半世紀ぶりの大災害だった。今回の震災ではさらに約二万人という実に大きな犠牲があったが、これも地震や津波の規模を考えればかつてより多くの人が助かったといえそうだ。

だが命は助かったが、多くの人が人生を奪われ、もはや元に戻ることはできなくなっている。死んだ方がましだという事態さえ生じている。だがこうした死んだも同然の生は、震災以前から数多く経験されてきたものでもあった。自殺率が年間三万人台にまで伸びていたのはその象徴である。我々はむやみに死ぬことはないが、かといって生きることを素直に喜べない社会にいるようだ。

ところでこのことは単に、広域システム社会が、人を「生かさず殺さず」を特徴としていると説明するだけですむものではなさそうだ。また「そもそも人生は辛いものだ」とか、「死なずにすむシステムだからこそ、人間は生きる苦しみを背負わねばならぬ」という達観で理解すべきものでもないようだ。

2 「生きること」の政治

†フーコーの生政治論

こうした「生」の意味の転換と、本書で見てきたこの震災の現実をつなぐ論理は何だろうか。ここでミシェル・フーコーの生政治論を通ってみたい。

フーコーは一九七六年に刊行された『性の歴史　第一巻』で生政治・生権力に言及し、それはその後、亡くなる一九八四年までつづけられたコレージュ・ド・フランスの講義でも中心的な主題として扱われていた。その講義録が、フランス語から各国語へと訳され、二〇〇〇年代には各国でフーコー再論の動きが見られるようになっている。

ごく簡単にそのエッセンスをまとめればこういうものだ。

フーコーは、それまでの政治に関わる議論が、人が人を動かす「権力」論に終始していたのに対し、人が人の群れを制御する「統治」論に移行すべきだと主張した。そしてその統治の観点から、近代政治の転換点を死の政治から生の政治への比重の変更に見出し、とくに第二次世界大戦後にその傾向が強まったとしている。

それまでの政治が、個を犠牲にしてでも全体を重視したものであったとすると、生政治は個を徹底的に重視する。そして個を守りつつ、これを着実に全体の中に組みこんでいくものである。すべての人間を生かす政治へ。そしてどんどん増える人間を統制するために、戦争という戦略ではなく、経済成長という戦略が選び取られていく。

日本の戦後にもそのまま移せるようなフーコーのこの説明は、当時の西ドイツとアメリカをモデルにしたものである。そしてフーコーは、こうした生政治の起源を探っていく。フーコーはこう解読する。この政治形態ができあがるには、「キリスト教」が不可欠である。そしてそのキリスト教的統治の背景には、牧畜文化が欠かせない。キリスト教の牧師のいわばアナロジーとして統治者が現れ、「か弱き子羊」を導くことが様々な論理の転換を経て、近代的統治へと移行していく。フーコーの説明は複雑だが、その骨格を取り出してみるなら要するに、人が人を統治するとは、人を家畜の群れと同じように見立てることであり、近代的統治とはその合理化に他ならない。

ところでこのフーコーの分析は、キリスト教も牧畜文化もない日本にとって非常に不気味な示唆を含むものだ。

平和を強調し、命を重視し、個人を大切にし、そして殺し合うのではなく、経済成長で問題を解決していく――こういう戦後日本社会の思考の基軸そのものが、外から持ち込まれている。我々があの戦争を経て当たり前に自ら選び取ったと思っている、いまの日本の社会状況は、実は明治維新から一四〇年を超えた現代においてさえも、いまだに西欧で生じたものを素朴に受け入れることで成り立っているのである。しかも日本文化の中には、絶対神も牧畜文化もないにもかかわらず、だ。資本主義や近代科学、法治主義などと同様に、経済や権力の形態にまでキリスト教が、そしてその背後にある牧畜文化が、暗い影を落としている。しかもそれを内発性なしに無邪気に持ち込んでしまっただけに、それだけ現実には強烈に作動し、かついったん入ると反省化されることなく際限なく作用するものであるようだ。

人間は家畜ではない。だが、人間を牧畜のアナロジーで考え始めた時、そこには問題もあらわれ、矛盾も生じる。かつ日本人には根本に牧畜の思考法が弱いだけに、ここから生じる問題をなかなか言語化できず、わけも分からずもがいているように見える。

†日本の中での生政治

人間による家畜の統制や支配が、人間の集団自体に深く及ぶことへの違和感。その異文化性を理解するためには、明治期以前の日本の支配体制を振り返ればよい。

明治期前までの日本の支配は土地の統制によっていた。政治支配は土地の支配であり、人間は土地の付随物だった。人間は極端にいえば放っておいてよい。人間は土地があればそこに自然に現れてくるものであり、特別なコントロールの対象ではなかった。

もっとも近世社会はすでに近代に比するほどの合理性を備えていたから、人口統制をしていなかったわけではない。だが宗門人別改帳《しゅうもんにんべつあらためちょう》という奇妙な形式でこれを行っていたのは、こうしたいびつなかたちでしか人口管理を実施することができず、そして土地管理や収穫物の管理ほどには人間そのものの管理に強い関心がなかったからでもある。

しかしながら、いまや人口は支配の基礎であり、明治以降、日本国家も西欧にならってこの人口を管理してきた。が、それでも戸籍（明治戸籍）は家単位であり、家が個人よりも重要であって、個人を直接統制するのではなく、家を統制することで、個人の統制は事足りていた。このことだけを取り上げるなら、戦後社会の到来までは、国家は個人と直接向き合わずにいられたといってよいだろう。

戦後、戸籍は夫婦単位になった。そしていまやすべてが個人単位の管理へと移行しつつある。そしてこうした家から個人への移行を、我々日本人は、集団主義からの個人の解放として理解し、それぞれの個人にとって望ましい事態だと素朴に理解してきた。しかしそれはもしかすると、きわめて危うい事態につながるものかもしれないのである。国家と個人の間に中間項がなくなるからである。

　そもそも中間項を通じた支配や統治は、中間項の存在を国家が必要としているという限りにおいて、自治を温存し、小さな集団の決定を尊重するものであった。だが、個人に直接、統治が及ぶようになると、個人と国家が直接向き合う関係に転換する。ヨーロッパではこの転換はすでに近代の初期から登場し、統計学（statistic）が現れてその効用を示し、国家（state）の運用に活用されていく。国家による個人の統治は、一人一人に向き合うという建て前を通じて、一人一人を数字化し、テキスト化して管理を進めていく。人口の増減や構成、生産年齢人口（その逆の少子高齢化）や雇用者数・労働者数を管理する人間支配が、国にとっての重要課題になるわけである。そしてこうした人間の記述を通じて、経済政策も実効性のあるものとなりえた。

　こうした人を直接統治し、統制していく思考法は、人のモノ化に通じ、そしてこのことが多くの倫理的問題を噴出させ、生きることそのものが政治化されつつある――このように近年の西洋思想ではみなされ、問題化されてきている。代表的な例として「脳死は死か」という議論をあげておこう。一見、答えのないこの議論もこの文脈からすれば簡単に了解できる。脳死は常識の範囲では死ではない。しかし、人間の身体を、医学を通じて、別の身体へ移植可能な臓器とみなすことによって、すなわちその人間を、生きた人格のある人間ではなく、転用可能な「モノ」と見ることによって、脳死を死とすることが要請されるのである。生政治は一人一人の人間の生を重視することから始まりながら、その意味は転換し、一人一人の生を、技術や統治が適用可能な、モノや数値に置き換えてしまうものである（R・エスポジト『三人称の哲学』）。

さらにいくつか例をあげてみよう。

少子高齢化は本来、家族の問題だが、それが全体の数値に置き換えられて様々に論じられている。さらにそれが就業人口に関わって問題視されると、必要な労働者の数だけが問題なら、子供が生まれなくても外国人を入れればよい、という話になってしまう。ここではもはや利用可能な数とだけでしか人間は認識されなくなってしまっているようだ。

限界集落論も、高齢化率五〇パーセント以上という数字でムラを扱う論理だ。そしてここでも、そうしたムラの数を勘定して、どうせなくなるのだから早く消えてもらったらという議論が、実際のムラの暮らしや人々を知らないままに、世論の一部を構成してきた。

むろん人は数えられる。羊を何頭というのと同じように勘定できるのは紛れもない真実だ。しかしこの人間像からは、一人一人の顔も名前も消えていく。そしてそのことで、出し入れ可能で、操作可能な統制対象となるのである。

この結果何が起きるのだろうか。

†震災の中でモノ化する人間

人間の人間性が消える。人間のための統治が、いつの間にか統治のための人間に切りかわる。人の生を尊重するあまり、統治は人をモノ化し、数値化し、非人間化する。

この論理こそ、我々がこの震災の中で、随所に見てきたものである。

死者・行方不明者数何人という語り。その死は様々であり、その意味も様々であるのに、単に数値だけが一人歩きする。

テレビに登場する人々は、もはや消費対象としての断片だ。お茶の間に現れ、何かを刺激し、消えていく。

ボランティアによる支援も、事業ありきで進んでしまうと、人としての被災者がケアする対象にしかならなくなる。支援の現場でよく耳にする悩みだ。そしてボランティア自身もまた「何人必要」という数値になってはいなかったか。

そして何より、科学や政治の対象として人が非人間化している。それは原発事故でもっとも典型的に生じていた。そこでは一人一人の被曝可能性は、もはやシステムの作動の中でかき消えてしまう。むろん一人一人を救うため、避難区域を設定し屋内退去を指示するのだが、結果として全員は逃げられない。パニックが起きてもいけない。そこで現れる

「人」の意味はすでに転換し、オペレーションの対象でしかなくなってしまう。

そして、こうした文脈の上にリスク論がある。我々の手元にあるリスク論はほとんどすべてが確率論だ。この奇妙さに敏感になるべきだ。数値で置き換えられると、一見科学的で客観的で人間にとってあらがえない真実のように見える。世界をコントロールするのに有効な道具にしか見えない確率統計だが、これを人間の生の問題に、しかも過去ではなく未来に向けて用いると事態は転換する。このことの怖さを、いま復興をめぐって展開されている問題から拾ってみよう。

①「年間〇ミリシーベルトの空間放射線量を浴びると、これこれの確率でガンになる。その数字は、喫煙に比べれば取るに足らない。社会的な許容範囲内だ」という。数値で見れば確かにそうだ。しかし個々の暮らしの中で見れば「取るに足らない」ものではない。他人の子ならかまわないかもしれない。しかし、我が子をそういった場所に置けるだろうか。
②原発避難者には、様々なアンケートが送付されてくる。このアンケート調査がくせものだ。人々の複雑な状況が、特定の質問文に押し込められ、意見分布として数値になって表現される。だがその数値は、本当に感じているのとはまるっきり違っている。にも

かかわらず出てきた数値が、民意ともなり、あたかも投票結果でもあるかのように帰還が決定されていく。

③そしてまた、津波被災地でも、同じようなことが生じている。人の命は確かに大事だ。そのために巨大防潮堤プラス高台移転以外の選択肢はないという論理を専門家が示す。だが、生活の中では、「死」は必ずしもすべてに優先して避けなければならないことではない。車や飛行機に乗る時、事故の可能性はゼロではない。そもそも死ぬ確率がゼロの状態など、生きているうちにはない。それどころか、三陸の津波常襲地帯では、明治、昭和の経験から、津波伝承が避難誘導において正常に機能しており、多くの人々が逃げてもいるのだ。本来は、復興に向けて様々な論点を比較考量する必要があるのだが、「あなたのためだから」と強引に復興の未来図が技術的問題に回収されてしまう。

科学の名の下に、数字や論理が、人間を置き去りにしながら、勝手に一方的に、しかもきわめて重要な決定を固めていく。それも当人たちではなく別の誰かが、かつ善意で、だが十分に考えつくされたわけでもなく、しかもしばしばかたちだけは民主的に。

こうしたことの総合的な結果として、「復興」を進める事業のためには、人の暮らしはどうなっても構わないという力学が生まれているようだ。事業から仕方なく逃げ出すにせよ、他方で仕方なく従うにせよ、人々の暮らしはこうした操作の果てにおそらく崩壊する。こうしたかたちで進められる原地帰還や巨大ハード事業は結局はすべて失敗に終わるだろう。

だが、ここでいいたいのは個々のプロセスの批判ではない。大事なのはやはり次のことだ。システムが大きすぎるのだ。大きすぎる中で、中間項がなく、政治がすべての国民を大事にし、そのための決定を行おうとすることに問題があるのだ。そして政治のみでは無理だから、科学が、マスコミが、大きな経済が介入する。だがこうした大きなものによる作用の中では、一人一人の声は断片でしかなくなる。しばしば人は数字となり、モノとなる。人間の生きることとの意味は逆立ちしてしまい、人は人でなくなる。生きることは、真の生ではなくなる。復興も同様に、真の復興ではなくなる。

こうした状況がもつ問題性こそ、今回の震災を通じて問われねばならないものだ。だが誰がそれを問うのか。このシステムにどっぷりとつかりながら。

3　広域システムの中の主体性――切断とつながり

†西欧の個と日本の個

システムの中から、システムを問いなおせるか。私もあなたもシステムの中にいる。この中にいてそれを批判し、修正を施していくこと。これはやはりきわめて難しい話だ。というのも、これまでずっと検討してきたように、このシステムには本当の中心がない。システムは巨大化し、内部は様々に分化してしまっている。どの中心も、それぞれの領域内での中心であって、どこからも全体は見えていない。各システムの中には中心と周辺はあるが、全体の中心＝中核はない。

この巨大で複雑なシステムに覆われた社会を、誰がどのように問い、どう変えられるというのか。変革する主体はどこに成立しうるのか。

巨大なシステムが分化を繰り返していく中で、このシステムを人間の手に取り戻すための方法については、これまでも様々な議論があった。中でも「徹底した討議」にその可能性を求める論は、西欧の伝統の中では根深く、またいまでも説得力がある。そして西欧では現実に社会を動かす力にもなりつつある。

日本でも同様に、近代政治システムの意思決定にすべてを委ねるのではなく、市民社会の中に、社会を動かしシステムを調整する主体をつくっていくべきだという議論が長く存在してきた。だが、その主体とは具体的に何かとなると答えは出てはいないようだ。

もっとも、そもそも「討議的理性」や「市民社会」に執着する方向性が本当に正しいのかどうかも問われねばならないだろう。我々は、今度ばかりは道を間違えないように、一歩引いて、自分たちと西欧の違いについてきちんと認識しておく必要がある。

西欧における主体はつねに個人である。個がしっかりと確立していて、その個が集まって社会をつくりだす。これがいわゆる主体性をイメージする場合、我々にとっても範例になっているものだ。しかしながら、なぜこれほど個人が際立つ社会像が成り立つのかを冷静に考えてみる必要がある。第3章でもふれたように、ここにキリスト教的世界観が介在しているのは明らかだからだ。個の主体性という考えは、キリスト教の中でのみ初めて理解できる。

個人は決して、宙ぶらりんでは主体になれない。個人が成り立つには何らかのとっかかりが必要だ。それは、絶対的なものと向き合うことで初めて現れてくる。絶対的な神のつくった合理的な世界という確たるものがあり、自分もまたその一部であるからこそ、世界に個として向き合えるのである。個人は世界に対し、あるいは社会に対し、自らの信念に神の意志を重ねることで向き合える。そして、自己も他者も同様に合理的であり、合理的であるからこそ、諸個人が社会の主体でありうるわけだ。

しかしながら日本人にはこの絶対的で合理的な世界がない。だから日本人に個としての主体性がないのは、未成熟なのではなく、信仰の問題であり、文化の差である。だがまた、むろん日本人の中に主体性がないわけでもない。どんな社会においても、その社会を認識し、社会を実践し、また変える主体が存在する。では、日本社会の中の主体性とは何か。

これまで繰り返してきたように、それはやはり小さな共同体の意志であり、身近で、無自覚で、当たり前の日常のつながりのようだ。日本社会の歴史を顧みれば、こうした小さな共同体が重なり合い、つながりあって全体が作り上げられており、また全体に変化が起きる時は必ず、どこかの共同体から始まるものであったということができる。

†社会的主体性

個の主体性に対する、社会的主体性――もっともこの場合の社会は、西欧の社会（society）よりももっと無自覚なものだから、共同体的主体性といった方がよいかもしれない。目に見える誰かと誰かがつながって、それが核になることで一気に全体が動く。共同体はそれぞれは小さく、他の共同体とは別個で境界ははっきりして、どんなに上下の関係をつくったにしても、そこにはそれぞれの独立性がある。いまでも政治や行政の世界はこのやり方でやっている。地方自治体としての市町村が、なんだかんだといっても県や国の自由にはならず、最終的な住民の意思決定機関でありうることも同じ論理だ。とはいえ、いよいよこうした社会的主体を導き出すものがその息の根を止められ、日本という国家システムの傘下に完全に組み込まれるかもしれない瀬戸際にいることも確かだ。日本社会は、社会史の面から見て、明らかに過渡期にある。

日本という国は、その下に何重もの国や共同体を抱えてきた。それらが上下につながりあいながら、それぞれにその存在を認めあってきたからこそ、全体として一つの国として構成され、そこにみなが主体的に参加し、共同できるものでありえた。小さな共同体や中小の国を通じて人々は、さらにはこの国は、主体であったといってよい。

おそらくこの二〇年ほどでこうした社会的な構成が大きく崩れ、中間項が徐々に失われて国家と国民だけの社会に移行しつつある、そんな現実が見え始めてきた。だが、むろん状況はそれほど単純ではなく、消えていく中間項もあれば、新しく立ち上がっていく中間項もある。

「東北」も、漠然とした共同体として、一定程度は人々の主体的行動を導くものとして作動しうるはずだ。また、行政末端化し、選挙も議会も形骸化しているとはいえ、市町村がいまでも自治集団であることは間違いない。東北の中で、これらがどんな再生・復興を遂げるのかによって、日本の未来は大きく変わるだろう。

人々が集合化することで、主体が成立する。個人がバラバラでは、日本社会は動かず、システムの変更は迫れない。我々は西欧近代化を受け入れたが、我々は西欧人ではない。すべてを受け入れた時、それはもしかすると主体を失う時である。アンケートや投票、ディベートなどといった、個を主体であるかのように扱う手法には注意しよう。我々は個になったとたん、無力化する文化の中にいる。重要なことは、人々がつながり、集団化することにある。その小さなつながりに、例えば国や科学、あるいはメディアがむしろ利用されるなら、システムが我が手に戻った時だ。

だが——ここでもう一歩だけ議論を進めて終わりたい。

確かに人々がつながり、集団化することで何かが生まれるかもしれない。しかし、「つなぐ」とか、「絆」とか、「連帯」とかの言語が、この震災下の状況を非常に難しくしている現実がある。実際、この震災で現れてきているのは「分断」ではないか。この震災で、我々はみなバラバラであることが分かった。首都圏の人間は地方のことを理解していない。西日本の人間は東日本のことは分からない。福島と宮城は違う。岩手も違う。それどころか、仙台と石巻は違うし、中通りと浜通りは全く違う。隣の町村でも違うし、もっといえば人それぞれ全く状況は違うから、そこで絆だの、何だのいわれても、むなしいだけだ。日本は一つ、東北は一つといわれても、我々は決して一つにはなれない。これはこの震災で出てきた重要な真実だ。

†つなぐことと、切り離すこと

筆者がこの二年近く、東日本大震災に関わるいろいろな事象に付き従ってきて思うのは、日本人や東北人が一つだと、あえて強調する必要はないということだ。実際、各自はバラバラだ。どうしてもそうなる。にもかかわらず、広域システムの日本社会で暮らす限りは一体でもある。

バラバラなのに一体である。これは一見矛盾だが、やはり真理だ。ここには記述が大きく欠けているようだ。その欠けた記述を、「絆」だ、「つながり」だといっても、何も補ったことにはならない。

それよりも、分断・分離を徹底的に追求し、それを記述することにこそ本当の可能性があるのではないか。すべてが分離したかたちで示され、それでもなお切れずに残るところに、人間のつながりの本質が見えてくるのではないか。そして社会である以上、人々は必ずつながっており、切れてはいない。人は人同士つながっており、暮らしは暮らしにつながっている。決して人は、システムに直結して生きているのではない。

あらゆる分断が進み、その分断を記述し尽くした上で、それでもなおそこから現れる何か。もしそれが、システム以外の何かによってつながっているとすれば、それはいったい何でありうるだろうか。

筆者はやはりここで、「くに」概念をいま一度呼び戻すことに期待したい。ここで念頭においている国はもちろん、日本国よりも小さく、また普遍的存在としての「くに」である。

福島でも、岩手や宮城の津波被災地でも、これだけの大災害と大事故を経験し、人々がバラバラに長期の避難をつづける中、コミュニティはもはや決して元通りには回復しないだろう。すべては分断され、破砕された。しかし、それでもなお、そこには残りつづけるものがありそうだ。個と全体の間に立ち現れる何か。バラバラな社会の中に現れる主体的なもの。どう論理づけても論理的に説明できない本質的なもの。

すべての切れ目、裂け目をかいくぐってそこに存在しつづけるものが、この震災の中で見えてくればと思う。それは必ず本物のつながりであり、生そのものだ。そしてそのつながりはやはり、日本の国のような広い空間の中に突然何の支えもなくポッコリ現れるものではなく、大地の区画の中で「くに」として析出するものという予感がする。「ここにならなければならないもの」「この場所だからこそ生まれてくるもの」。それが我々を主体にする根元にあるもののような気がするからだ。国生みの神話もそうして描かれている。そしてこうした思考法は文化や言語の中に潜んでいて、普段は気づかないが、実は非常に深いところで作用しているものなのである。

†誰のための、何のための問い?

この震災後、日本は生まれ変わるとされ、そのための新しい認識、新しい思考法が求められているといわれてきた。しかしながら本当に必要なものは新しいものなのだろうか。以上に述べてきたことは決して新しい論理などではない。国学の系譜で、あるいは歴史学、社会学、民俗学の分野でこうした論理は長い時間をかけて構築されてきたものである。他方で、西洋思想でも、あらゆる言語と科学の論理を貪欲に組み込む社会システム理論が、やはり同じような見解に達している。筆者はそれらの真理性をこの震災のうちに確かめただけである。

だがそうはいっても、この思考法は、実際の現場で具体化するにはまだあまりにも抽象的であり、発想の端緒でしかないようだ。しかし我々は急いでこれを具体化する必要もある。なぜなら我々はいま、きわめて大事な時期にいるからだ。

東日本大震災は、さらにこの先の広がりが予想されている。広域システムがもたらすリスクの問題はこれで終わったのではない。まだ中間点にいるのだ。

おそらく本番はこれからだ。すでに何十年も前から予言されている首都直下地震。また、東海地震・東南海地震・南海地震発生の危険性が、この震災後さらに高まっているとされている。これらが一体となった南海トラフ地震では最悪で死者三二万人という被害想定もはじかれている。

そして、原発事故のさらなる展開、経済メルトダウン、地方地域社会や地域経済破綻の可能性、さらに様々な巨大リスクが、我々のシステムには予言されている。経済の再成長や夢のようなエネルギー供給システムといった希望ある予言よりは、こうした社会の破局を展望する予言の方がどうも真実味を帯びてきた。消費増税も決まったようだ。増税すれば経済崩壊が起きると経済学者の一部が警告している。警告はおそらく現実になるだろう。

発展の時代から、破局リスクの時代へ。この震災はそのまっただ中に我々がいることをはっきりと示したものである。

にもかかわらず、いまだに以前と同じ思考パターンにしがみつき、この事態を軽く見積もって、安易にことを乗り切ろうとしている人が多いようだ。

この震災で問われているものは何か。ここで予測されている、将来の恐ろしい事態に対し、その事態を避けるために何が必要なのかを明示し、あらかじめ実践しておくこと。この先二、三〇年は、そうした知のあり方、政策形成と実践が求められるだろう。それはやはり、これまでの知とは違ったものになるはずだ。そしてもしその知の転換が必然だとするならば、それは、我々の生きる広域システムをさらに合理化するための知ではなく、このシステムを今一度我々の手に連れ戻すような知であるべきだろう。

未来に対する負の予言に抗する知、広域システムの際限ない合理化に抗する知は、おそらく時間と空間、そしてまた心と社会を、西洋近代とは根本から違うところでとらえ直すことで生まれてくるだろう。そしてその論理は、我々自身の姿をいま一度あらためて照射することから見えてくるもののような気がする。東北の地、東日本の地は、そうした旧《ふる》くて新しい社会形成のための実験場として再生しなければならない。

あとがき

三・一一からが二年近くが過ぎた。筆者はまだこの震災について本格的な研究を始められていない。本書の内容は仮説的なものであり、研究計画のようなもので、確定できた科学的知見といったものではない。

だが、おそらくこの研究計画を遂行するにはまだ何年もの月日がかかり、その時にはさすがにこの震災の行方も何らかの方向性が見えているだろう。その時になって、「本当はこうあるべきだと思っていたのに」では遅い。本書の内容は間違っているかもしれない。でも何らかの視角が提示できるなら、しておく必要はありそうだ。社会学の研究者が三・一一以来、専門的な立場で何を考え、どうもだえてきたかを汲み取っていただければと思う。

それでも幸いなことに、この間、野田村や岩手の方々、そしてとくに福島の富岡町の人々とは親しくさせていただく機会があり、また本書執筆の間際になって、宮城県石巻市の方々とも交流ができた。こうした人々から、おそらく筆者の研究生活の中ではもっとも濃密で深みのある、様々な人間・社会に関する情報をいただいた。客観的で正確な研究成果とはいえない本書だが、この裏側には相当の情報量はある。それらを総合するかたちでつくってみた論理には、筆者の能力の問題はあれ、それなりの意味があるはずだ。

この震災・原発事故とはいったい何なのか。我々の社会のどういう問題がここからあぶり出されてくるのか。多くの方々の声を聞き、行動を観察し、また自ら動いてみることで、ある種の実感として出てきたのがここで示した論理だ。言い足りないこと、伝えたいことはまだまだ山ほどある。書けないことも多い。さらには、いまはまだよく分からないが。今後「こういうことだったのか」と分かることも多そうだ。

もっとも書き終えてみれば、ここで示したのは社会学の基本的な考え方をこの震災に応用したものにすぎない。工学系や自然科学、経済学や法学の震災論とは違い、人文系の学問はこういうかたちで災害をとらえるのかという入門書としても活用していただければ幸いである。

あまりに多くの方々にお世話になったので、すべてのお名前を書き出すのは無理だ。ここでは社会的なカテゴリーでくくることで、残された紙面に謝辞を残したい。弘前市の方々、野田村の方々、そして富岡町の方々、石巻市の方々。社会学広域避難研究会のメンバー、日本社会学会・地域社会学会・日本都市社会学会・環境社会学会の震災研究者の方々、日本都市計画学会の先生方、弘前大学・首都大学東京の先生方・学生諸君。そして青森県・岩手県・宮城県・福島県の皆様と、とくに直接、被災地でお世話になった方々。国・政府の関係者の方々。JCN（東日本大震災支援全国ネットワーク）ほか、被災地支援に関わっている方々。マスメディアや出版に関わる方々。この一年半でお会いした人は相当な数に上る。だがみな意識も実態もバラバラだ。今後はこうした関係が、本当のつながりになって被災地を支え、日本社会の真の転換に接合する何かになることを願う。
また今回も筑摩書房の松田健氏にお世話になった。本書が少しでも分かりやすい内容になっているとすれば氏のおかげである。そして最後に、かけがえのない家族にも感謝。

筆者識

二〇一二年一一月

参考文献（主なもののみ）

有賀喜左衛門『日本家族制度と小作制度(上・下)』(有賀喜左衛門著作集Ⅰ・Ⅱ)未来社、一九六六年(原著一九四八年)
飯島伸子『環境問題と被害者運動（改訂版）』学文社、一九九三年
岩本由輝『東北開発120年［増補版］』刀水書房、二〇〇九年
植田今日子「なぜ集団移転地は海が見えるところでなければならないのか」『震災学』創刊号、荒蝦夷／東北学院大学、二〇一二年
ウェーバー、マックス『プロテスタンティズムの倫理と資本主義の精神（上・下）』岩波文庫、梶山力・大塚久雄訳、一九五五・一九六二年（原著一九〇四・一九〇五年）
エスポジト、ロベルト『三人称の哲学――生の政治と非人称の思想』講談社選書メチエ、岡田温司監訳、二〇一一年（原著二〇〇七年）
大島堅一・除本理史『原発事故の被害と補償――フクシマと「人間の復興」』大月書店、二〇一二年
開沼博『「フクシマ」論――原子力ムラはなぜ生まれたのか』青土社、二〇一一年
河西英通『東北――つくられた異境』中公新書、二〇〇一年
菊池勇夫『飢饉の社会史』校倉書房、一九九四年
鬼頭宏『人口から読む日本の歴史』講談社学術文庫、二〇〇〇年
工藤雅樹『古代蝦夷』吉川弘文館、二〇〇〇年
作道信介「津軽の人生　大東京をつくり、津軽に暮らす。」津軽に学ぶ会『津軽学』(第二号　津軽人の人生)二〇〇六年
高橋富雄『古代蝦夷を考える』吉川弘文館、一九九一年
津軽に学ぶ会『津軽学』（第七号　津軽と災害）二〇一二年
東京電力株式会社『福島原子力事故調査報告書』二〇一二年
東京電力福島原子力発電所事故調査委員会『国会事故調　報告書』二〇一二年
東京電力福島原子力発電所における事故調査・検証委員会『東京電力福島原子力発電所における事故調査・検証委員会　最終報告』二〇一二年

富永健一『日本の近代化と社会変動』講談社学術文庫、一九九〇年
「ビッグパレットふくしま避難所記」刊行委員会『生きている生きてゆく――ビッグパレットふくしま避難所記』二〇一二年
弘前大学人文学部ボランティアセンター編『チーム・オール弘前の一年』弘前大学出版会、二〇一二年
福島原発事故独立検証委員会『福島原発事故独立検証委員会　調査・検証報告書』ディスカヴァー・トゥエンティワン、二〇一二年
福山哲郎『原発危機　官邸からの証言』ちくま新書、二〇一二年
フーコー、ミシェル『性の歴史Ⅰ　知への意志』（渡辺守章訳）新潮社、一九八六年（原著一九七六年）
フーコー、ミシェル『生政治の誕生――コレージュ・ド・フランス講義一九七八―七九年度』筑摩書房、慎改康之訳、二〇〇八年
ベック、ウルリッヒ／アンソニー・ギデンズ／スコット・ラッシュ『再帰的近代化――近現代における政治、伝統、美的原理』松尾精文他訳、而立書房、一九九七年（原著一九九四年）
ベラー、ロバート・N『徳川時代の宗教』岩波文庫、一九九六年（原著一九五五年）
ミード、ジョージ・H『西洋近代思想史――十九世紀の思想のうごき（上・下）』魚津郁夫・小柳正弘訳、講談社学術文庫、一九九四年（原著一九三六年）
宮定章「石巻市雄勝町における防災集団移転事業」『住宅会議』二〇一二年一〇月、第八六号
室﨑益輝「「高台移転」は誤りだ」『世界』二〇一一年八月号、岩波書店
山口弥一郎『津波と村』（石井正己・川島秀一編）三弥井書店、二〇一一年（原著一九四三年）
山下文男『津波と防災――三陸津波始末』古今書院、二〇〇八年
山下祐介『限界集落の真実――過疎の村は消えるか？』ちくま新書、二〇一二年
山下祐介・開沼博編『「原発避難」論――避難の実像からセカンドタウン、故郷再生まで』明石書店、二〇一二年
山下祐介・菅磨志保『震災ボランティアの社会学――〈ボランティア＝NPO〉社会の可能性』ミネルヴァ書房、二〇〇二年

本書のもとになった論文

山下祐介「東北発の震災論へ」『季刊東北学』（第二八号　地震・津波・原発　東日本大震災）柏書房二〇一一年
山下祐介「東北発の復興論」『世界』二〇一二年一月号、岩波書店
山下祐介「東京の震災論／東北の震災論――福島第一原発事故をめぐって」赤坂憲雄・小熊英二編『「辺境」からはじまる――東京／東北論』明石書店、二〇一二年
山下祐介「東日本大震災、私たちに何ができるか――知恵と力の結集の実現可能性を考える」『全大協時報』二〇一一年、三五巻三号
山下祐介「津軽から南部へ　東日本大震災から一年　コミュニティ交流支援という新しい形」津軽に学ぶ会『津軽学』（第七号　津軽と災害）二〇一二年
山下祐介「移動と世代から見る都市・村落の変容――戦後日本社会における広域システム形成の観点から」『社会学評論』二〇一二年、六二巻四号、日本社会学会
山下祐介「東日本大震災からの復興過程における地域社会学的課題」『都市社会研究』二〇一二年、№4、せたがや自治政策研究所
山下祐介・山本薫子・吉田耕平・松薗祐子・菅磨志保（社会学広域避難者研究会・富岡調査班）「原発避難をめぐる諸相と社会的分断――広域避難者調査に基づく分析」『人間と環境』二〇一二年、第三八巻二号、日本環境学会
山下祐介「国・東電は実態を踏まえた対応を――「帰りたい」と「帰れない」の間」『週刊金曜日』（特集　忘れ去られる原発避難者）二〇一二年七月二七日、九〇五号
山下祐介「東日本大震災の特徴と被災地支援の諸相　広域システム災害の生活再建期支援に向けて」『季刊家計経済研究』二〇一二年冬、九三号、家計経済研究所
山下祐介「広域システム災害と主体性の問い――中心・周辺関係をふまえて」田中重好・正村俊之・舩橋晴俊編『東日本大震災と社会学』ミネルヴァ書房、近刊
山下祐介・三上真史「津波被災地の社会的被害の分析と課題――岩手県野田村の事例から」『地球環境』国際環境研究協会、近刊

ちくま新書
995

東北発《とうほくはつ》の震災論《しんさいろん》
——周辺《しゅうへん》から広域《こういき》システムを考《かんが》える

二〇一三年一月一〇日　第一刷発行

著　者　山下祐介（やました・ゆうすけ）

発行者　熊沢敏之

発行所　株式会社 筑摩書房
東京都台東区蔵前二-五-三　郵便番号一一一-八七五五
振替〇〇一六〇-八-四一二三

装幀者　間村俊一

印刷・製本　株式会社 精興社

本書をコピー、スキャニング等の方法により無許諾で複製することは、法令に規定された場合を除いて禁止されています。請負業者等の第三者によるデジタル化は一切認められていませんので、ご注意ください。

乱丁・落丁本の場合は、左記宛にご送付下さい。
送料小社負担でお取り替えいたします。
ご注文・お問い合わせも左記へお願いいたします。
〒三三一-八五〇七　さいたま市北区櫛引町二-六〇四
筑摩書房サービスセンター　電話〇四八-六五一-〇〇五三

© YAMASHITA Yusuke 2013　Printed in Japan

ISBN978-4-480-06703-6 C0236

ちくま新書

941
限界集落の真実
――過疎の村は消えるか？
山下祐介
「限界集落はどこも消滅寸前」は嘘である。危機を煽り立てるだけの報道や、カネによる解決に終始する政府の過疎対策の誤りを正し、真の地域再生とは何かを考える。

853
地域再生の罠
――なぜ市民と地方は豊かになれないのか？
久繁哲之介
活性化は間違いだらけだ！　多くは専門家らが独善的に行う施策にすぎず、そのために衰退は深まっている。このカラクリを暴き、市民のための地域再生を示す。

800
コミュニティを問いなおす
――つながり・都市・日本社会の未来
広井良典
高度成長を支えた古い共同体が崩れ、個人の社会的孤立が深刻化する日本。人々の「つながり」をいかに築き直すかが最大の課題だ。幸福な生の基盤を根っこから問う。

974
原発危機　官邸からの証言
福山哲郎
本当に官邸の原発事故対応は失敗だったのか？　当時の官房副長官が、自ら残したノートをもとに緊急事態への取組を徹底検証。知られざる危機の真相を明らかにする。

965
東電国有化の罠
町田徹
国民に負担を押し付けるために東京電力は延命させられた！　その裏には政府・官僚・銀行の水面下での駆け引きがあった。マスコミが報じない隠蔽された真実に迫る。

923
原発と権力
――戦後から辿る支配者の系譜
山岡淳一郎
戦後日本の権力者を語る際、欠かすことができない原子力。なぜ、彼らはそれに夢を託し、推進していったのか。忘れ去られていた歴史の暗部を解き明かす一冊。

541
内部被曝の脅威
――原爆から劣化ウラン弾まで
肥田舜太郎
鎌仲ひとみ
劣化ウラン弾の使用により、内部被曝の脅威が世界中に広がっている。広島での被曝体験を持つ医師と気鋭の社会派ジャーナリストが、その脅威の実相に斬り込む。